MG 动画实战
从入门到精通

李雪妍 编著

本书是一本MG动画制作的实操型手册。全书分为入门篇、基础动画篇和商业应用篇3篇，涉及9章内容。涵盖了MG动画的基础知识、制作MG动画常用的4款软件以及MG动画的5个商业实战应用项目，知识内容极具实用性。

本书通过扫码下载资源的方式为读者提供增值服务，这些资源包括全书所有实例的源文件、素材以及全书所有实例的高清视频教程，方便读者循序渐进地进行练习，并在学习过程中随时调用素材。

本书内容丰富、结构清晰、技术参考性强，讲解由浅入深且循序渐进，知识涵盖面广又不失细节，非常适合喜爱影视特效及动画制作的初、中级读者作为学习参考书。同时，本书也可以作为后期特效处理人员、影视动画制作者的辅助工具手册，还可以供教育行业及培训机构相关专业的师生作为动画特效制作培训教程使用。

图书在版编目（CIP）数据

MG动画实战从入门到精通 / 李雪妍编著.—北京：机械工业出版社，2019
（2024.1重印）

ISBN 978-7-111-62674-9

Ⅰ.①M… Ⅱ.①李… Ⅲ.①动画制作软件 Ⅳ.①TP391.414

中国版本图书馆CIP数据核字（2019）第086013号

机械工业出版社（北京市百万庄大街22号　邮政编码：100037）
策划编辑：丁　伦　责任编辑：丁　伦
责任印制：刘　媛　责任校对：丁　伦
涿州市般润文化传播有限公司印刷
2024年1月第1版第11次印刷
185mm × 260mm·16.5印张·409千字
标准书号：ISBN 978-7-111-62674-9
定价：79.90元

电话服务　　　　　　网络服务
服务电话：010-88361066　机　工　官　网：www.cmpbook.com
　　　　　010-88379833　机　工　官　博：weibo.com/cmp1952
　　　　　010-68326294　金　书　网：www.golden-book.com
封底无防伪标均为盗版　机工教育服务网：www.cmpedu.com

前 言 Preface

关于 MG 动画

在计算机技术普及并飞速发展的今天，MG 动画作为当下影像艺术中新兴的一种表现形式，在视觉上遵循的是平面设计的相关规则，在技术上使用的是动画制作的多种方法。随着各方面需求的提升和技术的发展，MG 动画的应用范围越来越广泛，其独特的表现形式深受广大设计爱好者的喜爱及追捧，成为主流的视频传播方式。

本书内容

本书是一本关于 MG 动画制作的教程，采用理论与案例相结合的方式，采用深入浅出的方法，全面细致地展示了 MG 动画从构思到设计，再到成品的整个制作流程和技术。

本书共分为 9 章，具体内容安排如下。

	章节安排	课程内容
入门篇	第 1 章　走进 MG 动画的世界	主要学习及了解 MG 动画的基础知识，为之后 MG 动画的制作打下基础
基础动画篇	第 2 章　通过 AE 制作动画	主要介绍了制作 MG 动画中最为重要的一款动画软件 AE，以及它的具体使用方法和相关案例
基础动画篇	第 3 章　通过 C4D 制作动画	主要介绍了制作三维 MG 动画常用的一款动效软件 C4D，以及它的具体使用方法和相关案例
基础动画篇	第 4 章　通过 PS 和 AI 制作动画	主要介绍了 PS 和 AI 这两款平面设计软件在 MG 动画制作上的具体应用方法和相关案例
商业应用篇	第 5 章　MG 风格开场动画	通过实例的形式、详细讲解了 MG 动画在短视频开场方面的具体应用
商业应用篇	第 6 章　MG 产品展示动画	通过实例的形式，详细讲解了 MG 动画在产品宣传短片上的具体应用
商业应用篇	第 7 章　趣味 LOGO 动画	通过实例的形式，详细讲解了 MG 动画在动效设计领域的具体应用
商业应用篇	第 8 章　旅游宣传广告制作	通过实例的形式，详细讲解了 MG 动画在广告宣传片上的具体应用
商业应用篇	第 9 章　快递运输 MG 动画	通过实例的形式，详细讲解了 MG 动画在营销推广上的具体应用

本书配套资源

本书附赠以下资源，通过扫描图书封底相关二维码即可获得网盘下载方式。

高清教学视频：读者可以像看电影一样通过教学视频轻松愉悦地学习本书内容，然后对照书本加以实践和练习，从而提高学习效率。

实例效果文件和设计素材：书中所有实例均提供了源文件和素材，读者可以使用相应的应用软件打开或访问。

本书作者

本书由淄博职业学院李雪妍负责编写，共约40.9万字。此外，还有多位从事动画设计、策划、制作、特效等工作的一线人员，以及UP主、播客等新媒体达人共同参与了内容审核和案例测试及相关工作。

限于作者水平，书中疏漏之处在所难免。感谢您选择本书，同时也希望您能够把对本书的意见和建议反馈给我们。

目 录 Contents

入 门 篇

第1章 走进 MG 动画的世界

1.1 什么是 MG 动画 |2|
    1.1.1 MG 动画的历史 |2|
    1.1.2 MG 动画的概念 |2|
1.2 MG 动画的优势 |3|
    1.2.1 可加载的信息量大 |3|
    1.2.2 成本低，制作周期短 |4|
    1.2.3 画面品质标准化 |4|
    1.2.4 传播载体多样化 |5|
1.3 MG 动画的应用领域 |5|
    1.3.1 生活实用类 |6|
    1.3.2 消费场景类 |6|
    1.3.3 教育引导类 |6|
    1.3.4 节日宣传类 |6|
    1.3.5 应用推广类 |7|
    1.3.6 导视解读类 |7|
    1.3.7 新品销售类 |7|
1.4 MG 动画设计要点 |7|
    1.4.1 优秀的剧本 |8|
    1.4.2 生动形象的视觉化传播 |10|
    1.4.3 准确的分镜头设计 |12|
    1.4.4 色彩构成要点 |13|

基础动画篇

第2章 通过 AE 制作动画

2.1 After Effects CC 2018 基础 |16|
    2.1.1 初识 After Effects CC 2018 |16|
    2.1.2 After Effects CC 2018 软件的新增特性 |17|
    2.1.3 用户界面详解 |18|
2.2 After Effects 基本操作 |24|
    2.2.1 新建项目 |24|
    2.2.2 保存项目 |24|
    2.2.3 新建合成 |24|
    2.2.4 导入素材 |25|
    2.2.5 渲染输出 |26|
2.3 制作 MG 风格游轮动画 |28|
    2.3.1 船底部的绘制 |28|
    2.3.2 船身的绘制 |30|
    2.3.3 整体装饰绘制 |32|
    2.3.4 天空背景元件的创建 |36|
    2.3.5 制作关键帧动画 |39|
    2.3.6 将动画制成 GIF 动图 |42|
2.4 本章小结 |46|

第3章 通过 C 4D 制作动画

- 3.1 初识 Cinema 4D |48|
- 3.2 用户界面详解 |49|
  - 3.2.1 标题栏 |49|
  - 3.2.2 菜单栏 |49|
  - 3.2.3 工具栏 |50|
  - 3.2.4 编辑模式工具栏 |54|
  - 3.2.5 视图窗口 |56|
  - 3.2.6 对象/场次/内容浏览器/构造面板 |57|
- 3.2.7 属性/层面板 |60|
- 3.2.8 动画编辑面板 |60|
- 3.2.9 材质面板 |60|
- 3.2.10 坐标面板 |61|
- 3.2.11 提示栏 |62|
- 3.3 创建扁平化小方块动效 |62|
- 3.4 本章小结 |68|

第4章 通过 PS 和 AI 制作动画

- 4.1 Photoshop CC 2018 的基础操作 |70|
  - 4.1.1 初识 Photoshop CC 2018 |70|
  - 4.1.2 Photoshop CC 2018 软件的新增特性 |71|
  - 4.1.3 Photoshop CC 2018 界面详解 |72|
- 4.2 Photoshop 导出 GIF 动态图 |79|
- 4.3 Illustrator CC 2018 的基础操作 |82|
  - 4.3.1 初识 Illustrator CC 2018 |82|
  - 4.3.2 Illustrator CC 2018 软件的新增特性 |84|
  - 4.3.3 Illustrator CC 2018 界面详解 |85|
- 4.4 制超萌小兔子图标动效 |86|
- 4.5 本章小结 |94|

商业应用篇

第5章 MG 风格开场动画

- 5.1 动画分析 |96|
- 5.2 制作圆环动画 |97|
  - 5.2.1 创建背景 |97|
- 5.2.2 绘制绿色圆环 |97|
- 5.2.3 制作绿色圆环动画 |99|
- 5.2.4 制作蓝色、红色圆环动画 |100|

5.2.5　制作圆环蒙版动画　|102|
　　　5.2.6　制作圆环动画错落的层次效果　|104|
5.3　制作狮子动画　|106|
　　　5.3.1　创建背景　|107|
　　　5.3.2　导入素材　|107|
　　　5.3.3　制作线动画　|109|
5.4　制作线条动画　|111|
　　　5.4.1　创建背景　|111|
　　　5.4.2　制作线条动画　|112|
5.5　制作文字动画　|115|
　　　5.5.1　创建背景　|115|
　　　5.5.2　制作文字动画　|116|
5.6　合成最终动画　|119|
　　　5.6.1　创建背景　|119|
　　　5.6.2　添加声音　|119|
　　　5.6.3　合成动画　|120|

第6章　MG产品展示动画

6.1　动画分析　|125|
6.2　制作标题动画　|125|
　　　6.2.1　创建背景　|125|
　　　6.2.2　制作标题方框动画　|126|
　　　6.2.3　制作标题方块动画　|128|
　　　6.2.4　制作文字动画　|130|
　　　6.2.5　制作方框遮罩动画　|132|
　　　6.2.6　制作背景效果　|133|
　　　6.2.7　添加圆形动画效果　|136|
　　　6.2.8　添加副标题动画效果　|138|
6.3　制作第2部分动画　|142|
　　　6.3.1　调整图层　|142|
　　　6.3.2　制作产品展示边框动画　|144|
　　　6.3.3　导入并制作产品图片动画　|146|
　　　6.3.4　制作介绍文字动画　|149|
　　　6.3.5　添加广告文字　|153|
　　　6.3.6　添加条幅广告动画　|155|
6.4　制作第3部分动画　|157|
　　　6.4.1　替换图片　|158|
　　　6.4.2　调整背景颜色　|159|
　　　6.4.3　调整动画　|160|
6.5　最终合成　|162|
　　　6.5.1　镜头合成　|162|
　　　6.5.2　添加手势动画　|165|

第7章　趣味LOGO动画

7.1　动画分析　|168|
7.2　制作飞舞纸片动画　|168|
　　　7.2.1　创建纸片　|168|
　　　7.2.2　设置纸片　|169|
　　　7.2.3　制作纸片动画　|173|
　　　7.2.4　渲染输出　|175|
7.3　制作单个纸片动画　|176|
　　　7.3.1　调整图层　|176|
　　　7.3.2　制作动画　|178|
7.4　后期动画制作　|181|

7.4.1 导入并调整素材 |181|
7.4.2 制作 LOGO 动画 |183|
7.5.1 制作 LOGO 动画 |188|
7.5.2 制作文字动画 |193|

7.5 制作第 2 部分动画 |188|

第 8 章 旅游宣传广告制作

8.1 动画分析 |197|
8.2 素材整理 |198|
8.3 第 1 部分动画制作 |199|
    8.3.1 创建背景 |199|
    8.3.2 导入素材至软件 |199|
    8.3.3 制作推镜头动画 |200|
    8.3.4 制作文字动画 |203|
    8.3.5 制作地图原点和三条道动画 |208|
    8.3.6 制作圆环动画 |211|
    8.3.7 制作橘子洲文字动画 |214|
8.4 制作第 2 部分动画 |219|
8.5 制作第 3 部分动画 |224|
8.6 制作第 4 部分动画 |226|

第 9 章 快递运输 MG 动画

9.1 动画分析 |229|
9.2 第 1 部分动画制作 |229|
    9.2.1 创建背景 |229|
    9.2.2 导入素材至软件 |230|
    9.2.3 添加纯色背景 |230|
    9.2.4 制作动画 |231|
9.3 第 2 部分动画制作 |237|
    9.3.1 制作汽车动画 |237|
    9.3.2 制作商品动画 |241|
    9.3.3 制作气泡动画 |242|
9.4 制作第 3 部分动画 |248|
    9.4.1 制作转场动画 |248|
    9.4.2 制作标题动画 |250|

入 门 篇

第1章
走进MG动画的世界

MG动画是近年来兴起于互联网及移动互联网的一种新型动画形式。由于其强调信息的可视化，具有独特的创意风格，因此在网络上产生了极强的传播力，被广泛应用于产品推广、品牌宣传、流程演示以及影视片头等众多热门领域。

1.1 什么是 MG 动画

MG 动画作为当下影像艺术的一种新兴表现形式，在视觉表现上遵循了平面设计的相关规则，在技术上使用了动画制作的多种方法。MG 动画注重视觉的表现形式，同时具备一定的叙事性。随着各方面的需求和技术的发展，MG 动画的应用范围越来越广泛并成为当前的主流视频传播方式。

1.1.1 MG 动画的历史

一般在电影的片头或者片尾处会出现一些介绍性的字幕，这些字幕大多是通过剪辑直接插入画面的，看起来非常生硬，因此有些制片方将这些字幕做成了飞来飞去的动画，后来发展到干脆做个片头短片或者片尾短片，这就是 MG 动画最初的形式了。

动态图形是介于平面设计与动画片之间的一种产物。随着动态图形艺术的风靡，一些电视台开始在节目中应用这种技术，如制作节目开始处企业标志的展现效果。到了 20 世纪 80 年代，随着彩色电视和有线电视技术的兴起，越来越多的电视频道开始出现，为了展现自身的特色，后起的电视频道纷纷开始使用动态图形为自己制作独一无二的小动画，作为树立形象的宣传手段。

从 20 世纪 90 年代起，随着计算机技术的进步和众多工具软件的出现，很多计算机动画的工作任务从模拟工作站转向了数字计算机，在此期间出现了愈来愈多的独立设计师，快速地推动了计算机动画艺术的进步。随着数码影像技术不断地发展，更是将动态图形推到了一个新的高点。

如今，动态图形已经随处可见了。

1.1.2 MG 动画的概念

MG（Motion Graphic）可直译为"动态图形"或"图形动画"，通常称之为"MG 动画"，可以理解为一种表现风格。MG 动画把原本处于静态的平面图像和形状转变成动态的视觉效果，也可以把静态的文字转变成动态的文字动画，如图 1-1 所示。

MG 动画甚至可以创造出一个三维虚拟空间，将一些平面的设计元素立体化，赋予它们新的生命力及表现力。它与传统动画片的区别在于 MG 动画侧重于非叙述性、非具象化的视觉表现形式，而传统动画片则为故事情节服务。

MG 动画最根本的概念，其实是一个"动"字，即让静态的元素动态化，或者给予静态的图片新的生命，如图 1-2 所示。从广义上来讲，MG 动画是一种融合了动画电影与图形设计的语言，是基于时间流动而设计的视觉表现形式。

图 1-1 平面文字可以有动态表现

图 1-2 图形的动态化处理

1.2 MG 动画的优势

相比 Flash 动画（Flash 软件现今改名为 Animate，习惯上依旧称该软件创作的动画为 Flash 动画）、文字与平面设计等这些常见的表现形式，MG 动画是一种全新的叙事和表达方式，其丰富的画面和简洁流畅的动画效果可以为观众带来视觉上的享受。总体来说，MG 动画具有如下优势。

1.2.1 可加载的信息量大

MG 动画整体节奏较快，单位时间内可以承载更大的信息量。MG 动画通过其特有的动画形式对大量碎片化的信息进行整合，更容易让观众理解并产生兴趣。如传统的 Flash 动画，由于制作软件本身技术所限，画面较为粗糙且特效简单，如果制成时间较短的小动画，从观众角度来说观看体验并不会很好，因此 Flash 动画大多制成较长的故事类动画，并加入角色和一些诙谐、幽默的搞笑剧情，如图 1-3 所示。Flash 动画通过创作笑点或剧情的方式转移观众的注意力，弥补画面的不足。

而 MG 动画在画面上有飞跃般的进步，只凭画面就可以给予观众很好的观看体验。因此 MG 动画可以通过压缩、简化，只给观众保留最精简的核心部分（包括画面简洁、内容简单以及解说简化等），直击产品核心，省去多余的角色和剧情，力求在有限的时间内传达出更多的信息，如图 1-4 所示。

图 1-3 传统动画需要加入角色剧情弥补画面

图 1-4 MG 动画仅靠画面本身即可吸引观众

1.2.2 成本低，制作周期短

利用传统方法制作较为复杂的动画时比较麻烦，有时为了使人物动作流畅甚至需要逐帧绘制，并且细化很多细节。常见的逐帧动画，1s 镜头就要画 12 张（甚至更多），是一项非常耗时、耗力的工作，所以报价常常精确到秒。

Flash 动画矢量绘图也有一定的局限性。由于软件本身性能所限，动画过渡色生硬单一，很难画出丰富、柔和的图像，如图 1-5 所示。特别是有空间感的镜头（如酷炫的星空），利用软件本身表现起来就很吃力，如图 1-6 所示。

图 1-5 传统 Flash 动画稍显生硬

图 1-6 Flash 很难表现出具有空间感的画面

MG 动画的主流制作软件为 Adobe Illustrator（简称 AI）和 Affter Effects（简称 AE），一般的是在 AI 中绘制好矢量素材后，再导入 AE 进行动画制作。与实拍、三维等技术相比，MG 动画的制作周期相对较短，并且制作成本相对可控。AE 强大的后期功能也能让制作者设计出更为精致的画面，做出更为细腻的动态（如以往所难以表现的星空特效，如图 1-7 所示），这无疑会使观众觉得丰富和有趣。

图 1-7 MG 动画中的星空表现

1.2.3 画面品质标准化

如果要用一个词来形容 MG 动画的画面特点，那无疑就是"扁平化"。扁平化是一种极简的设计方法，它提倡"少即是多"的美学理念，强调极简主义。通过简洁的图形、色彩、文字及合理有序的搭配直观地向用户展示有效信息。

因此 MG 动画主要通过简化、抽象化以及符号化的设计元素来表现。常用极简抽象的图形、矩形色块和简洁的字体。一个简单的形状加没有景深的平面，版面简洁、整齐，画面简约、清爽、现代感十足，信息表达简单、直接，如图 1-8 所示。相比常见的拟物化设计，扁平化设计省略了一切仿真元素，弱化装饰因素对信息传达的干扰，使受众将注意力集中在信息本身，强化动画画面的传达功能。

图 1-8　扁平化的设计风格

> **提示**　如果客户说"不要太偏扁平化的设计"，那设计师就应该理解为"增加一些立体感、更写实一点，或者更偏向手绘风格的设计"。

1.2.4　传播载体多样化

　　MG 动画时长相对较短，一般来说不超过 5min，有些甚至是只有几秒的 GIF 动态图。它扁平化的风格、节奏快以及信息量大这些特征，正好符合当下互联网的传播特点——从 PC 端转向移动端播放。

　　早在 2015 年，各家主流视频网站的年终报告上就已经写明网络视频向移动端视频变迁的速度极快。而时至今日，移动端视频播放量已全面超越 PC 端（占比已超 70%）。但移动端对 PC 端视频的播放侵蚀不会一直持续，最终会在某一个点达到动态平衡。

　　正是在这样的大背景下，MG 动画有了茁壮成长的空间。时间短、内容多，成本相对较低，格式也多为 MP4 和 GIF 这类便于上传和下载的格式，几乎在各大主流播放平台都可以播放。在移动端观看者越来越多的今天，这种快餐式的传播方式直接加速了 MG 动画的传播，同时以社交网站作为传播平台在一定程度上降低了传播成本，更容易引发关注和讨论，毕竟再精彩的内容，也抵不过流量和时间。

1.3　MG 动画的应用领域

　　MG 动画融合了平面设计、动画设计和电影语言，其表现形式丰富多样，具有极强的包容性，能和各种表现形式以及艺术风格混搭。近年来由于手机、便携智能设备和户外屏的大范围普及，加上 MG 动画本身能与商业广告结合产生不同的表现形式，运用 MG 动画进行宣传自然而然就流行起来了。同时，它通俗易懂，动态感十足，非常有利于在新媒体平台上传播。

1.3.1 生活实用类

将日常的生活场景动态化，在不断切换的过程中展示产品，如家具行业、电器行业都可以采取这种方式来宣传，短短几秒就能将品牌核心传达给消费者。MG 风格的智能家居产品宣传片，如图 1-9 所示。

1.3.2 消费场景类

将实体店的服务用 MG 动画呈现给消费者，一来可以让消费者迅速了解店铺特色，二来减少服务员的沟通成本。现如今许多咖啡厅或个性餐厅都会有类似的 MG 动画，如图 1-10 所示。

图 1-9　生活实用类 MG 动画宣传片　　　　图 1-10　消费场景类 MG 动画宣传片

1.3.3 教育引导类

一些公共文明行为规范可以制作成 MG 动画，引导小朋友和成年人在公共场合要遵守秩序，不要影响到他人。例如，坐车不要大声喧哗、吵闹他人以及禁止吸烟等。摆脱呆板的说教式教育，用更加有趣的 MG 动画引导人们，如图 1-11 所示。

1.3.4 节日宣传类

商场根据不同节日制作不同特色的 MG 动画，并融入营销活动来达到促销、引流的目的。这种动态形式能更直观地展示节日活动，让顾客主动来商场度过一个个有趣的节日，如图 1-12 所示。

图 1-11　教育引导类 MG 动画宣传片　　　　图 1-12　节日宣传类 MG 动画宣传片

1.3.5 应用推广类

大量的 APP 应用层出不穷，了解它们的功能以及如何应用成为用户的又一门槛，通过 MG 动画将流程梳理出来是一个非常高效的方式，如图 1-13 所示。

1.3.6 导视解读类

静态的导视图标经常会对人产生误导，加上每个人理解的偏差，有时会造成更加严重的误读。用 MG 动画将每个导视行为动态化，这样能直接让观看者意识到图标的实际作用，像酒店这种需要导视来沟通的地方就十分需要这类 MG 动画，如图 1-14 所示。

图 1-13　应用推广类 MG 动画宣传片　　　　图 1-14　导视解读类 MG 动画宣传片

1.3.7 新品销售类

新的产品推出时，大众需要知道它是怎样一个产品，使用方式如何？与其他产品有何区别？MG 动画可以用拟人的方式解答这些疑惑，从而吸引潜在的消费者，如图 1-15 所示。

图 1-15　新品销售类 MG 动画宣传片

1.4 MG 动画设计要点

MG 动画的制作除了要熟悉常用的软件操作，更为重要的是如何设计出让人眼前一亮的优秀作品。好的作品不仅仅依靠设计师纯熟的软件操作，还需要设计师为作品融入优质的设计理念和风格特色，才能使最终的作品在更新迭代迅速的互联网中脱颖而出。那么想要设计出优质的 MG 动画，需要明确注意哪些设计要点呢？

1.4.1 优秀的剧本

对于不同的公司或设计师来说，MG 动画的创作过程和方法可能有所不同，但基本规律是一致的。任何动画产生的第一步都是创作剧本，不过对于 MG 动画来说，剧本通常是由客户方提供。剧本有可能是一套完整的方案，也有可能只是几张平面广告设计，更有可能是聊天记录中的互相沟通，如图 1-16 所示。

图 1-16　客户可能提供的各种剧本

但无论是何种形式，设计师都应该理清思路，将其转化为制作 MG 动画所需的剧本文案。剧本文案需要明确三个问题：写剧本文案的目的、对受众的影响以及怎样以最简洁明了的表达方式让观众理解并欣然接受，如图 1-17 所示。

1. 文案目的——为宣传对象而服务

在互联网平台上，经常流传着一些"最佳广告文案"这样的作品，查看后，确实会为那些奇思妙想的点子而惊叹，但是如果问观众这些台词出自哪个品牌、描述的是哪种产品，通常就很难回答上来。这便是 MG 动画写剧本文案时极容易犯的一个错误：创意大于产品。

许多设计师在创作剧本文案时喜欢先写一个看似与产品无关的引子，然后借助这个引子将主要的内容引申出来。这种方法简单有效，是目前比较流行的剧本创作方法。但是 MG 动画是极为重视视觉效果的动画，如果一个 MG 动画在前 10s 还没有进入主题，那观众便很难有兴趣继续看下去。10s 的画面留给文案的发挥空间通常也只够写下几句台词，如何利用这短短的几句台词勾起观众的兴趣，并引申出宣传对象便是设计的重点。

2014 年支付宝的"十年账单"在各大社交平台上"刷屏"，其相关的 MG 动画文案便颇值得借鉴。以"十年"为契机，动画在一开始便以"过去十年 我们共同经历了什么"作为第一句，然后依次列举了过去的各种变化，再引入"那我们自己的变化呢"，最后画面一转切入"支付宝十年账单里有答案"，如图 1-18 所示。整个前期过程刚好 10s，既以怀旧风勾起了大众的共同记忆，又在短短几句话之间说出了"十年账单"要表达的重点。

图 1-17　文案需要明确的三个问题　　　　图 1-18　围绕宣传对象做文案

另外，在剧本文案创作完成时，可以找其他人员进行审读，一定要重视其他人员对剧本文案的反馈。如果其他人员看完只觉得"写得不错"，或者说"很搞笑、有创意"，而丝毫不提产品内容，就应该引起警惕。

2. 影响——抓住观众的思维逻辑

MG 动画的本质是一种宣传手段，要为宣传对象而服务。这是所有设计师必须明确的重点，因此在撰写剧本文案时，一定要针对目标观众的思维逻辑来选择性地做文案表达。

举个例子，现在都在宣告手机 5G 时代的来临，鼓励大家选择 5G 产品，理由是 5G 速度比 4G 快，所以能看到的所有广告文案都在强调 5G 比 4G 快，见图 1-16 中间那幅图。

"……何必只快一步，要快就快 7 倍！"

但是对于消费者来说，思维逻辑很可能是这样的：

"5G 是很快，但是 4G 也不慢啊！我为什么要换？"

所以在制作相关 MG 动画时，最好能修改此处文案，给予消费者购买的理由，如 5G 其实更省钱或者省时间，于是可以修改成如下方案：

"5G 网络比 4G 更为快速，相同的上网时间能提供更多便利，具有更高的性价比"

然后便可以顺着此条思路进行发散，扩展到画面表现，便能很好地表达出客户想要体现给观众的内容，如图 1-19 所示。

> **提示**　MG 动画的剧本与真人表演的影片剧本有很大不同。一般影片中的对话对演员的表演是很看重的，而在 MG 动画中则应尽可能避免复杂的对话。在 MG 动画中最重要的是用画面表现动作，最好的 MG 动画是通过纯粹的动作取得的，其中没有对话，而是由动作让人们产生相关的联想，从而激发人们的想象。

3. 表达方式——最简原则

剧本文案应当说法直接，最大限度地降低用户的理解负担。间接、模糊的说法，或是生僻和过度"文雅"的用词，都应尽量避免，因为剧本文案只是沟通的工具，最有效地传递信息才是它的首要任务。

在含义不变的情况下，优先选择最简洁、字数最少的文案。同时，删除与用户无关和对用户无太大用处的文字。在保持剧本文案的完整性和准确性的前提之下，使每一个文字都有意义，这就是"最简"原则。在对时长有严格要求的 MG 动画的场合，尤其需要简化结构。比如，要为一个旅游 APP 做 MG 动画的片头，就可以删除旅游攻略、出行折扣等一些可以在 APP 内介绍的事物，仅保留"我们是谁、我们能做什么"的主干内容，如图 1-20 所示。

图 1-19　将文案与画面结合

图 1-20　简化文案结构

1.4.2　生动形象的视觉化传播

现在社会处于图像时代，品牌形象通过视觉化来传播，更容易被大众接受。例如，看到企鹅可以联想到腾讯 QQ，看到黄色的字母"M"可以联想到麦当劳，这两者都是通过将自己的品牌形象转化为大众容易接受的视觉符号，来达到深入人心的目的，如图 1-21 所示。

图 1-21　品牌形象视觉化传播

心理学中更有"鲜活性效应"这一说法，是指我们更容易受一个事件的鲜活性（是否有视觉感）影响，而不是这个事件本身。人本就生活在符号的世界里，生活处处皆是符号，只要是具备正常视觉功能的人，都能通过阅读图像来和现实中高度相似的真实场景相对应和匹配，达到"所见即所得"的效果。

所以，写剧本文案，一定要具备"视觉感"，否则观众看了也不能理解设计师究竟想表达什么。营造这种"视觉感"常见的表现手法包括以下几点。

1.　寓意法

运用巧妙的构思进行侧面表达，即不直接描绘事物所具备的特点，而是寄寓在一定的意境之中，让观众自己体会。如果想表达"老年人（活动）应以游泳、骑车和散步为主"，便可以通过三种活动的抽象特征来代替，如图 1-22 所示。

2. 夸张法

通过艺术手法，对作品中某个富有特性的方面进行适度夸大、渲染气氛，以此来加深观众对于这些特性的认识。如果想表达"洗牙"的效果，可以真的绘制一颗"牙"在"洗澡"，如图 1-23 所示。

图 1-22　通过寓意来表达事物

图 1-23　通过夸张手法来进行表达

3. 写实法

将事物的真实面貌，或难以理解的抽象概念，用造型、色彩来搭建出真实的场景，能让观众获得生动的感受，引起共鸣。通过动画可以描绘真实的骨关节炎发病机理，如图 1-24 所示。

4. 幽默法

运用富有戏剧性的情节，经过巧妙的构思及合成，抓住生活现象中富有趣味性、滑稽的东西，及纯趣味的行为，把观众引向轻松愉快的意境。比如，文案中可能会出现"现象级""举个例子"这样的话语，这时就可以使用"大象"或者"栗子"这种网络流行的谐音事物来作画面表达，如图 1-25 所示。

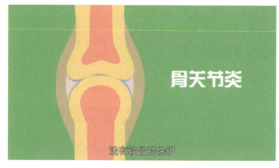

图 1-24　通过写实手法来进行表达

图 1-25　应用当下网络幽默话语

5. 比喻法

将两个不同的事物相互比拟、衬托，把大众熟悉的事物同广告所要表现的内容有机地联系起来，使观众产生联想并领悟其中蕴含的意义，如图 1-26 所示。

图 1-26 用恶魔形象来表现黑心代理商

1.4.3 准确的分镜头设计

前期做好分镜头工作有助于后期工作的有序进行，分镜头的设计决定着动画的整体风格，影响动画的流畅性，关乎动画的视听节奏。

分镜头设计不仅仅是简单描述动作和事件的外貌，还必须有一条根本的、能推动事件发展的内在逻辑线索，这是叙事的方法。

分镜头应该是最终成片的预览小样，设计者除了要构思每个镜头的构架外，还必须考虑时间分配的比例，即每一个镜头应该分配的时间，包括每个镜头的时间长度、镜头中动作的时间长度，此处展示了《实用财务管理》课程的 MG 动画分镜节选，见表 1-1。此外还要考虑镜头之间的连接关系与转换关系等。在画面分镜头的编排过程中允许改编原有剧本的某些内容，一旦进入制作阶段就必须严格按照画面分镜头的各项指标来创作。

表 1-1 分镜示意

序号	时间	内容	字幕	备注
1	1s	画面中上方展示课程名称，开始播放背景音乐，画面做简单修饰	实用财务管理课程	
2	3s	向内隐去课程名称，相同位置弹出两大问题的内容，画面做简单装饰	以两大问题为出发点	
3	6s	添加转场，背景颜色不变，弹出一计算机屏幕，围绕屏幕写出具体的 6 个模块	涉及 6 个模块	

（续）

序号	时间	内容	字幕	备注
4	9s	添加转场特效，修改背景颜色，由画面左侧弹出一伸大拇指的手臂，围绕手臂添加5个图形表示5个问题	解决5个问题	
5	20s	添加转场特效，切换画面至办公室场景，表现人物焦虑状态，左侧用文字注释形式写出两大问题	这两大问题如下。企业为何能赚那么多钱？企业赚的钱去哪儿了	

> **提示**　MG动画和传统动画不一样，很多是靠AE或者其他后期软件进行调整的，如画面的一些修饰效果、转场效果等，因此对于分镜的要求可能更为严格。如果是对外发送客户进行确认的话，建议制作成动态分镜的形式，即以GIF或者小视频的形式来展示，这样所有的动画原件都能表现出来，客户也能较为直观地看到效果。

1.4.4 色彩构成要点

色彩构成，即色彩的相互作用，是从人对色彩的感知出发，用科学分析的方法，把复杂的色彩还原成基本的要素，利用色彩在空间、量和质的可变换性，按照一定的规律去组合构成之间的相互关系，再创造出新的色彩效果的过程。色环及其相互关系如图1-27所示。

色彩构成是一个比较系统和完整的认识色彩的理论，因此掌握色彩搭配是一个需要长期积累经验的过程，下面，归纳总结几点制作MG动画的色彩搭配原则。

1. 使用更少的颜色

世间万物皆有色彩，但是在MG动画设计中，如果每个元素都按照"原本"的颜色去搭配，最后呈现出来的作品效果可能不是"五彩斑斓"，而是眼花缭乱。如果对色彩搭配不是很在行，建议先使用少量的颜色，用更少的色彩去设计，这样并不会降低视觉效果。这里的《数字物联网全球服务》动画，虽然只用了三种颜色，但画面的干净与整洁使得主题一目了然，同样达到了很好的表达效果，如图1-28所示。

图1-27　色环及其相互关系　　　　　　　　图1-28　颜色少并不会降低视觉效果

2. 同色系配色

在 MG 动画设计中，同色系配色正迅速成为一种流行趋势。将同色系颜色应用到背景等辅助元素上，不仅可以统一镜头颜色，还能突出主体，如图 1-29 所示。

图 1-29　使用同色系配色的画面效果

与第一点原则大体相同，如果遇到画面中元素众多的情况，要么使用更少的颜色，要么采取同色系配色的原则。这能在一定程度上平衡画面，避免众多的元素色彩凌乱堆砌在一起的情况。

3. 营造光照感

"光照"在三维制作上很常见，许多二维 MG 动画并没有"光照"的概念。抛开非抽象的动态 ICON（图标）元素不说，如果是一个具体的场景，那么就非常适合营造光照感了，如图 1-30 所示。

图 1-30　光照感在场景中的表现

营造光照感的三个重要因素分别是颜色、高光及阴影。关注光照对主体颜色的影响，应选择合适的高光与阴影：跟光源匹配的高光，适当的暗部处理，以及为主体物的轮廓添加的环境光色彩，把握好这些因素，就能为抽象简洁的 MG 增加细节精致感，不至于让画面看起来只是一堆不相关的图片。

基础动画篇

第 2 章
通过 AE 制作动画

MG 动画的制作软件非常多，常用的有 After Effects、Animate、Cinema 4D 等。这些软件功能强大、兼容性强，通过彼此之间的相互协作，不仅能提高设计者的动画制作效率，还能制作出丰富多彩的视觉特效。本章介绍其中最主要的一款制作软件 After Effects。

2.1 After Effects CC 2018 基础

After Effects 软件，简称 AE，是一款应用于 Windowns 系统和 Mac OS 系统上的专业级影视后期合成软件，同时也是目前最为流行的影视后期合成软件之一。

After Effects 拥有先进的设计理念，是一款灵活的基于层的 2D 和 3D 后期合成软件，它与同为 Adobe 公司出品的 Premiere、Photoshop、Illustrator 等软件可以无缝结合，兼容使用。再加上它自身包含了上百种特效及预置动画效果，足以创建出众多无与伦比的特效。而关键帧和路径的引入，也使得高级二维动画的制作变得更加游刃有余。这些功能让 After Effects 在制作 MG 动画中的作用及地位不容小觑，如图 2-1 所示为使用 AE 制作的各种 MG 动画。

图 2-1　使用 AE 制作的各种 MG 动画

> 提示　本书将以 After Effects CC 2018 版本为例进行讲解。

2.1.1　初识 After Effects CC 2018

After Effects CC 2018 是 Adobe 公司推出的一款图形视频处理软件，它强大的影视后期特效制作功能，使其在整个行业内得到了广泛的应用。After Effects 当前主流版本为 CC 2018，其启动界面如图 2-2 所示。

图 2-2　After Effects CC 2018 启动界面

After Effects CC 2018 功能强大，处理性能优秀，安装该软件对计算机硬件有比较高的要求，具体列举以下几点。

- 具有 64 位多核 Intel 处理器。
- Microsoft Windows 7 Service Pack 1（64 位）、Windows 8.1（64 位）或 Windows 10（64 位）。
- 8GB RAM（建议分配 16GB）。
- 5GB 可用硬盘空间，安装过程中需要额外的可用空间（无法安装在可移动闪存设备上）。
- 用于磁盘缓存的额外磁盘空间（建议分配 10GB）。
- 1280×1080 分辨率的显示器。
- DVD-ROM 驱动器。
- QuickTime 7.6.6 版本的软件。
- 可选：Adobe 认证的 GPU 显卡，用于 GPU 加速的光线追踪 3D 渲染器。

2.1.2 After Effects CC 2018 软件的新增特性

After Effects CC 2018 相较之前的版本有了很大的提升，不仅优化了界面显示，还新增了许多优化视觉效果的功能。本版本主要新增的功能及特性如下。

- **数据驱动的动画**：使用导入的数据制作动态图形（例如图表和图片）动画。借助自定义架构，第三方合作伙伴可以编写供其他人使用的用于生成动态图形的数据。
- **沉浸式效果**：为用户的 360/VR 视频添加虚拟现实的效果，并确保杆状物不会出现多余的失真，且后接缝线周围不会出现伪影。效果包括高斯模糊、颜色渐变、色差、降噪、数字电子脉冲、发光、分形噪波和锐化。
- **沉浸式视频字幕和图形**：即时设置图形、文本、图像或其他视频剪辑的格式，使其能够在 360 视频中正确显示。
- **VR 构图编辑器**：通过使用视图窗口处理（而非直接处理）360/VR 素材，当使用 VR 眼镜或智能手机播放视频时，用户可以从看到的相同透视图中进行编辑。
- **提取立方图**：将 360 素材转换为 3D 立方图格式，从而轻松地执行运动跟踪、删除对象、添加动态图形等。
- **创建 VR 环境**：自动创建必要的构图和相机关系，从而为信息图、动画序列、抽象内容等创建 360/VR 创作环境。
- **VR 转换器**：在各种编辑格式之间轻松切换，并导出为各种格式，包括：Fisheye、Cube-Map Facebook 3:2、Cube-Map Pano 2VR 3:2、Cube-Map GearVR 6:1、Equirectangular 16:9、Cube-Map 4:3、Sphere Map 和 Equirectangular 2:1。
- **VR 旋转球体**：轻松调整和旋转 360 素材，从而校准水平线、对齐视角等。
- **VR 球体到平面**：在基于透视的视图中查看素材，能够产生像佩戴 VR 眼镜一样的视觉效果。
- **通过表达式访问蒙版和形状点**：以全新的方式将图形制作成动画，无需逐帧制作动画，即可使用表达式将蒙版和形状点链接到其他蒙版、形状或图层。使用一个或多个点和控制柄，并应用多种由数据驱动的新增功能。
- **具备增强型 3D 管道**：使用 Cinema 4D Lite R19，直接在 After Effects 中以 3D 形式开展工作。获取包含经过增强的 OpenGL 和经过更新的 Cinema 4D Take System 的视区改进、对 Parallax

Shader、Vertex Color 和 BodyPaint Open GL 的支持，以及导入 FBX2017 和 Alembic 1.6 的功能。

- 性能增强：在 GPU 上渲染图层转换和运动模糊。
- 键盘快捷键映射：使用视觉映射快速查找和自定义键盘快捷键。
- 有帮助的"开始"界面：借助直观的新"开始"界面，快速完成项目设置并进入编辑环节，通过该界面，用户可以轻松地访问软件学习教程。
- 新字体菜单：借助筛选和搜索选项，获取字体预览并选择任意字体。
- 其他：在 Mac 上通过 Adobe Media Encoder 导出动画 GIF，并且改进了 MENA 和 Indic 文本。

2.1.3 用户界面详解

首次启动 After Effects CC 2018，显示的是"标准"工作界面，该界面包括菜单栏、集成的窗口和面板，如图 2-3 所示。

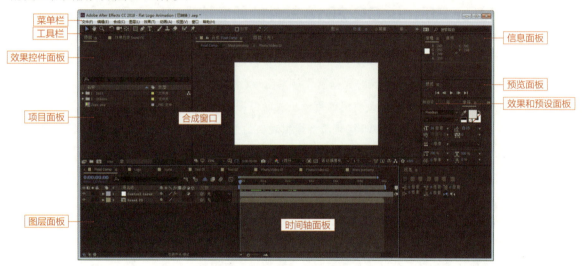

图 2-3 "标准"工作界面

1. 项目面板

项目面板主要用来管理素材与合成，在项目面板中可以查看每个合成或素材的尺寸、持续时间和帧速率等信息。单击项目面板的菜单按钮，可以看到，在弹出的扩展菜单中罗列的各项选项，如图 2-4 所示。

下面对项目面板中的扩展菜单的部分功能选项进行详细介绍。

- 关闭面板：将当前的面板关闭。
- 浮动面板：将面板的一体状态解除，使其变成浮动面板。
- 列数：在"项目"窗口中显示素材信息栏队列的内容，其下级菜单中被勾选的内容也会显示在项目面板中。
- 项目设置：打开项目设置对话框，在其中进行相关的项目设置。

图 2-4 项目面板中的扩展菜单

- 缩览图透明网格：当素材具有透明背景时，勾选此选项能以透明网格的方式显示缩览图的透明背景部分。

2. 合成窗口

合成窗口是用来预览当前效果或最终效果的窗口，可以调节画面的显示质量，同时合成效果还可以分通道显示各种标尺、栅格线和辅助线，如图2-5所示。

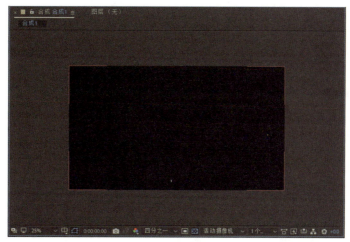

图2-5　合成窗口

在该窗口中单击"合成"选项后的蓝色文字，可以在弹出的快捷菜单中选择要显示的合成，如图2-6所示。单击菜单按钮，会弹出扩展菜单，如图2-7所示。

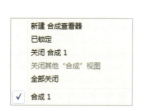

图2-6　快捷菜单

图2-7　扩展菜单

下面对扩展菜单的部分功能选项进行详细介绍。

- 合成设置：当前合成的设置，与执行"合成"→"合成设置"菜单命令所打开的对话框相同。
- 启用帧混合：开启合成中视频的帧混合开关。
- 启用运动模糊：开启合成中运动动画的运动模糊开关。
- 草图3D：以草稿的形式显示3D图层，这样可以忽略灯光和阴影，从而加速合成预览时的渲染和显示。
- 显示3D视图标签：用于显示3D视图下的各个视角标签。
- 透明网格：以透明网格的方式显示透明背景部分，用于查看有透明背景的图像。

下面对合成窗口下方的工具进行详细介绍。

- "始终预览此视图"工具：在多视图情况下预览时，无论当前窗口中激活的是哪个视图，总是以激活的视图作为默认的动画预览视图。
- "主查看器"工具：使用此查看器进行音频和外部视频预览。
- 放大率弹出式菜单：用于设置显示区域的缩放比例，如果选择其中的"适合"选项，无论如何调整窗口大小，窗口内的视图都将自动适配画面的大小。
- "选择网格和参考线选项"工具：用于设置是否在合成窗口显示安全框和标尺等。
- "切换蒙版和形状路径可见性"工具：控制是否显示蒙版和形状路径的边缘，在编辑蒙版时必须激活该按钮。
- 预览时间：设置当前预览视频所处的时间位置。
- 拍摄快照工具：单击该按钮可以拍摄当前画面，并且将拍摄好的画面转存到内存中。
- 显示快照工具：单击该按钮显示最后拍摄的快照。
- 显示通道及色彩管理设置工具：选择相应的颜色可以分别查看红、绿、蓝和Alpha通道。
- 分辨率/向下采样系数弹出式菜单：设置预览分辨率，用户可以通过自定义命令来设置预览分辨率。
- "目标区域"工具：仅渲染选定的某部分区域。
- "切换透明网格"工具：使用这种方式可以很方便地查看具有Alpha通道的图像边缘。
- 3D视图弹出式菜单：摄像机角度视图，主要针对三维视图。
- 选择视图布局：用于选择视图的布局。
- "切换像素长宽比校正"工具：启用该功能，将自动调节像素的宽高比。
- "快速预览"工具：可以设置多种不同的渲染引擎。
- 时间轴工具：快速从当前的合成窗口激活对应的时间轴面板。
- 合成流程图工具：切换到相对应的流程图面板。
- 重置曝光度工具：重新设置曝光。
- 调整曝光度工具：用于调节曝光度。

3. 时间轴面板

时间轴面板是进行后期特效处理和制作动画的主要面板，面板中的素材是以图层的形式进行排列的，如图2-8所示。

图2-8 时间轴面板

在该面板单击菜单按钮■，会弹出扩展菜单，下面对扩展菜单的部分功能选项进行详细介绍。

- 关闭面板：将当前的面板关闭。
- 浮动面板：将面板的一体状态解除，使其变成浮动面板。
- 关闭其他时间轴面板：将当前的一组时间轴面板关闭显示。
- 合成设置：打开合成设置对话框。
- 列数：其中包括 A/V 功能、标签、#（图层序号）、源名称、注释、开关、模式、父级、键入、出、持续时间、伸缩。

下面对时间轴面板中的部分工具做详细介绍。

- "当前时间"工具 ⬚：显示时间指示滑块所在的当前时间。
- "合成微型流程图"工具 ⬚：合成微型流程图开关。
- "草图 3D"工具 ⬚：草图 3D 场景画面的显示。
- "消隐"开关 ⬚：使用这个开关，可以暂时隐藏设置了"消隐"开关的图层。
- "帧混合"开关 ⬚：用"帧混合"开关打开或关闭全部对应图层中的帧混合。
- "运动模糊"开关 ⬚：用"运动模糊"开关打开或关闭全部对应图层中的运动模糊。
- "图表编辑器"工具 ⬚：可以打开或关闭对关键帧进行图表编辑的对话框。

4. 素材窗口

素材窗口与合成窗口比较类似，通过它可以设置素材图层的出入点，同时也可以查看图层的蒙版、路径等信息。在"标准"工作界面左侧的项目面板双击素材文件，可进入素材窗口，如图 2-9 所示。

在该窗口中单击菜单按钮■，会弹出扩展菜单，下面对素材窗口中扩展菜单的部分功能选项进行详细介绍。

- 关闭面板：将当前的面板关闭。
- 浮动面板：将面板的一体状态解除，使其变成浮动面板。
- 透明网格：以透明网格的方式显示透明背景部分，用于查看具有透明背景的图像。
- 像素长宽比校正：勾选此选项可以还原实际素材的像素比。

如果查看的是视音频素材，素材窗口会相应出现标记按钮和时间点等，详细情况介绍如下。

- "将入点设置为当前时间设置"工具 ⬚：用于设置当前素材的入点。
- "将出点设置为当前时间设置"工具 ⬚：用于设置当前素材的出点。
- "波纹插入编辑"工具 ⬚：在不删除当前已有素材的情况下，将新的素材插入到时间轴面板中。
- 叠加编辑工具 ⬚：叠加编辑方式将素材插入到时间轴面板中。

5. 图层面板

图层面板与合成窗口相似，合成窗口是当前合成中的所有图层素材的最终效果，而图层面板只是合成中单独一个图层的原始效果，如图 2-10 所示。

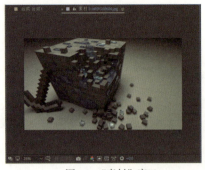

图2-9 "素材"窗口

图2-10 "图层"窗口

6. 效果控件面板

效果控件面板主要用来显示图层应用的效果，可以在效果控件面板中调节各个效果的参数值，也可以结合时间轴面板，为效果参数制作关键帧动画。效果控件面板如图2-11所示。单击菜单按钮 可以弹出扩展菜单，如图2-12所示。

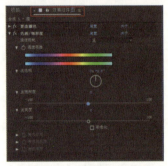

图2-11 效果控件面板

图2-12 扩展菜单

7. 渲染队列面板

合成完成后进行渲染输出时，就需要使用到渲染队列面板，选择菜单栏中的"合成"→"添加到渲染队列"选项，或者按组合键<Ctrl+M>即可进入渲染队列面板如图2-13所示。

图2-13 渲染队列面板

下面对渲染队列面板中的部分参数进行详细介绍。

- 当前渲染：显示渲染的进度。
- 已用时间：已经使用的时间。
- 渲染：单击该按钮开始渲染影片。
- 合成名称：当前渲染合成的名称。
- 状态：查看是否已加入到队列。
- 已启动：开始的时间。
- 渲染时间：待渲染全部结束后，显示最终所用的时间。

- 渲染设置：单击弹出"渲染设置"对话框，可以设置渲染的模板等。
- 输出模块：单击弹出"输出模块设置"对话框，可以设置输出的格式等。
- 日志：渲染时生成的文本记录文件，记录渲染中的错误和其他信息。在渲染信息面板中可以看到文件的保存路径。
- 输出到：用于设置输出文件的存储名称及路径。
- 消息：在渲染时所处于的状态。
- RAM（RAM 渲染）：渲染的存储进度。
- 渲染已开始：渲染开始的时间。
- 已用总时间：渲染所用的时间。
- 最近错误：渲染时最近出现的错误。

单击"输出模块"后面的蓝色文字"无损"，弹出"输出模块设置"对话框，其中包括"主要选项"选项卡和"色彩管理"选项卡，如图 2-14 和图 2-15 所示。

图 2-14 "主要选项"选项卡　　　　图 2-15 "色彩管理"选项卡

"主要选项"选项卡的参数介绍如下。

- 格式：用于设置输出文件的格式。
- 包括项目链接：勾选该选项包含项目链接。
- 渲染后动作：渲染后的动作，包括"无""导入""导入和替换用法"和"设置代理"4 个选项。
- 包括源 XMP 元数据：设置是否包含素材源 XMP 元数据。
- 视频输出：设置输出视频的通道和开始帧等。
- 通道：用于设置输出视频的通道，包括"RGB""Alpha"和"RGB+Alpha"3 种通道模式。
- 深度：默认为数百万种颜色。
- 颜色：默认为预乘（遮罩）。
- 开始：在渲染序列文件时会激活，并可以设置开始帧。
- 格式选项：单击进入可以设置视频编解码器和视频品质等参数。
- 调整大小：勾选该选项可以重新设置输出的视频或图片的尺寸。
- 裁剪：对输出区域进行裁剪。
- 自动音频输出：可以打开或关闭音频输出，默认为自动音频输出。

2.2 After Effects 基本操作

本节主要介绍 After Effects CC 2018 的基本操作流程，熟悉操作流程有助于提升工作效率，也能避免在工作中出现不必要的错误和麻烦。

2.2.1 新建项目

一般在启动 After Effects CC 2018 时，软件本身会自动建立一个空项目，用户可以对这个空项目进行设置，执行"文件"→"项目设置"菜单命令，或者单击项目面板上的菜单按钮，可以打开"项目设置"对话框，如图 2-16 所示。在"项目设置"对话框中，可以根据实际需要分别对"视频渲染和效果""时间显示样式""颜色设置"和"音频设置"这 4 个选项卡进行设置。

2.2.2 保存项目

对项目进行设置后，可以执行"文件"→"保存"菜单命令，或使用组合键 <Ctrl+S>。在弹出的"另存为"对话框中设置存储路径和文件名称，最后单击"保存"按钮，即可将该项目保存到所指定的路径中，如图 2-17 所示。

图 2-16 "项目设置"对话框

图 2-17 "另存为"对话框

2.2.3 新建合成

在 After Effects CC 2018 中的一个工程项目可以创建多个合成，并且每个合成都能作为一段素材应用到其他合成中，下面详细讲解几种创建合成的基本方法。

● 在项目面板中的空白处右击鼠标，然后在弹出的菜单中选择"新建合成"选项，如图 2-18 所示。

● 执行"合成"→"新建合成"菜单命令，如图 2-19 所示。

● 单击项目面板底部的"新建合成"按钮，可以直接弹出"合成设置"对话框创建合成，如图 2-20 所示。

● 进入 After Effects CC 2018 操作界面后，在"合成窗口"单击"新建合成"按钮，如图 2-21 所示。

图 2-18　利用弹出的菜单新建合成

图 2-19　利用菜单栏新建合成

图 2-20　利用项目面板新建合成

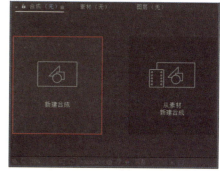
图 2-21　利用合成窗口新建合成

2.2.4　导入素材

导入素材的方法有很多，可以一次性导入全部素材，也可以选择多次导入素材。下面具体介绍几种常用的导入素材的方法。

● 通过菜单导入。执行"文件"→"导入"→"文件"菜单命令，或按组合键 <Ctrl+I>，可以打开"导入文件"对话框，如图 2-22 所示。

● 在项目面板的空白处右击鼠标，然后在弹出的菜单中选择"导入"→"文件"选项，也可以打开"导入文件"对话框，如图 2-23 所示。

图 2-22　"导入文件"对话框

图 2-23　通过菜单导入

● 在项目面板的空白处双击，直接打开"导入文件"对话框。如果要导入最近导入过的素材，可执行"文件"→"导入最近的素材"菜单命令，然后从最近导入过的素材中选择素材进行导入。

● 如果需要导入序列素材，可以在"导入文件"对话框中勾选"序列"选项，如图 2-24 所示。单击"导入"按钮，即可将序列素材导入到项目面板中。

● 在导入含有图层的素材文件时，如 PSD 文件，可以在"导入文件"对话框中设置"导入为"参数为"合成"，如图 2-25 所示。然后，在弹出的素材对话框中设置"图层选项"为"可编辑的图层样式"，单击"确定"按钮，即可将 PSD 素材导入到项目面板中，如图 2-26 所示。

图 2-24　将序列素材导入到项目窗口

图 2-25　选择"合成"选项

图 2-26　选择导入种类

2.2.5　渲染输出

渲染是制作影片的最后一个步骤，渲染方式影响着影片的最终呈现效果，在 After Effects CC 2018 中可以将合成项目渲染输出成视频文件、音频文件或者序列图片等，而且 Mac 版、Windows 版均支持网络联机渲染。

在影片渲染输出时，如果只需要渲染出其中的一部分，这就需要设置渲染工作区域。工作区域在时间轴面板中，由"工作区域开头"和"工作区域结尾"两点控制渲染区域。将鼠标指针放在"工作区域开头"或"工作区域结尾"的位置时，指针会变成方向箭头，此时按住鼠标左键向左或向右拖动，即可修改工作区域的位置。设置"工作区域开头"的快捷键为 <B>，设置"工作区域结尾"的快捷键为 <N>，如图 2-27 所示。

图 2-27　调整工作区域

根据每个合成的帧的大小、质量、复杂程度和输出的压缩方法，输出影片可能会花费几分钟甚至数小时的时间。当把一个合成添加到渲染队列中时，它作为一个渲染项目在渲染队列里等待渲染。当 AE 开始渲染这些项目时，用户不能在 AE 中进行其他的操作。下面对渲染合成的步骤进行详细讲解。

1. 为工程文件执行渲染命令

After Effects 将合成项目渲染输出成视频、音频或序列文件的方法主要有以下 3 种。

● 通过执行"文件"→"导出"→"添加到渲染队列"菜单命令，输出所选中的单个合成项目。

● 通过执行"合成"→"添加到渲染队列"菜单命令，将一个或多个合成添加到渲染队列中进行批量输出。

● 在打开渲染队列面板的前提下，将项目面板中需要进行渲染输出的合成直接拖入渲染队列即可。

2. 渲染设置

在渲染队列面板中，单击"渲染设置"选项后的蓝色文字 最佳设置，将弹出"渲染设置"对话框，如图 2-28 所示，在该对话框中可以设置渲染的相关参数。单击"渲染设置"选项后的 ⌄ 按钮，可以在弹出的下拉菜单中选择不同的设置方案，如"DV 设置""多机设置"等，如图 2-29 所示。如果选择"自定义"选项，则会弹出"渲染设置"对话框。

3. 选择日志类型

在"日志"选项后的下拉列表中可以选择一个日志类型，如图 2-30 所示。

图 2-28　"渲染设置"对话框

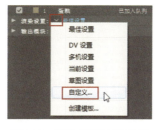
图 2-29　选择"自定义"选项

图 2-30　选择日志类型

- 仅错误：日志中仅显示项目的出错信息。
- 增加设置：日志中不仅显示项目的出错信息，还会显示设置更改的信息。
- 增加每帧信息：除了出错与设置更改的信息外，每帧的变动也会被记录在日志上。

4. 设置输出模块参数

在渲染队列面板中，单击"输出模块"选项后的蓝色文字 无损，将弹出"输出模块设置"对话框，在该对话框中可以设置输出模块的相关参数，如图 2-31 所示。单击"渲染设置"选项后的 ⌄ 按钮，可以在弹出的下拉菜单中选择不同的设置方案，如"多机序列""Photoshop"等，如图 2-32 所示。如果选择"自定义"选项，则会弹出"输出模块设置"对话框。

图 2-31　"输出模块设置"对话框

图 2-32　选择"自定义"选项

5. 设置输出路径和文件名

在渲染队列面板中，单击"输出到"选项后的蓝色文件名，在弹出的"将影片输出到"对话框中可以设置影片的输出路径及文件名，如图 2-33 所示。

6. 开启渲染

上述的所有设置完成后，在渲染队列面板单击"渲染"按钮 ，即可进行渲染，如图 2-34 所示。

图 2-33 "将影片输出到"对话框

图 2-34 单击"渲染"按钮

2.3 制作 MG 风格游轮动画

在前期创意完成后，就需要着手创建 MG 动画元件了。用户可以选择在 Adobe Illustrator 矢量图形处理软件中进行动画元件的绘制。此外，After Effects 的内置绘图工具同样能够帮助用户快速分层绘制动画元件，一定程度上能帮助用户节省二次导入的时间，分层创立元件的好处在于方便后期在 After Effects 中进行帧动画的调节。接下来，将具体为各位读者讲解如何在 After Effects CC 2018 中分层绘制动画元件。

2.3.1 船底部的绘制

视频位置：视频 \ 第 2 章 \2.3.1 船底部的绘制 .mp4　　源文件位置：源文件 \ 第 2 章 \2.3.1

01 启动 After Effects CC 2018 软件，执行"合成"→"新建合成"菜单命令，在弹出的"合成设置"对话框中创建一个预设为"自定义"的合成，设置大小为 800×600px，设置"像素长宽比"为"方形像素"，设置帧速率为"25"帧 /s，持续时间为"2"s，并设置名称为"船"，如图 2-35 所示。

02 在图层面板的空白处右击鼠标，在弹出的快捷菜单中，选择"新建"→"形状图层"选项，如图 2-36 所示。

图 2-35 创建新的合成

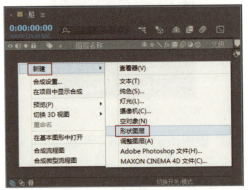

图 2-36 新建形状图层

03 在图层面板选择上述创建的形状图层，右击鼠标，在弹出的快捷菜单中选择"重命名"命令，修改形状图层的名称为"船底部 a"，如图 2-37 所示。

04 选择"船底部 a"图层，接着在工具栏中选择"钢笔工具" ，设置填充颜色参数为（R=51，G=70，B=84），这里和之后绘制的图形描边属性统一设置为"无"，之后不做提示。然后移动指针至"合成"窗口，绘制船底的形状，如图 2-38 所示。

图 2-37 修改图层名称

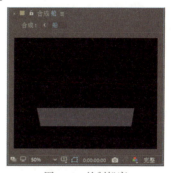

图 2-38 绘制船底

> **提示** 用"钢笔工具"绘制直线时，可在单击下一锚点时按住 <Shift> 键，能确保绘制的线条不发生偏移。

05 执行"图层"→"新建"→"形状图层"菜单命令，再次创建一个形状图层，并修改其名称为"船底部 b"，如图 2-39 所示。

06 选择"船底部 b"图层，接着在工具栏中，选择"矩形工具" ，移动指针至"合成"窗口，设置填充颜色参数为（R=45，G=63，B=77），然后移动指针至"合成"窗口，在"船底部 a"形状上方绘制一个长条矩形，如图 2-40 所示。

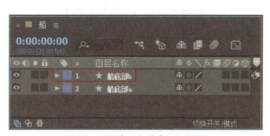

图 2-39 新建"船底部 b"图层

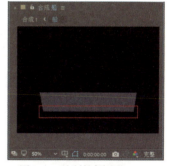

图 2-40 绘制长条矩形

07 执行"图层"→"新建"→"形状图层"菜单命令，创建新的形状图层，并修改其名称为"船底部 c"，如图 2-41 所示。

08 选择"船底部 c"图层，用"矩形工具" ，在"合成"窗口绘制一个如图 2-42 所示的矩形（矩形的颜色参数为（R=45，G=63，B=77）。

09 执行"图层"→"新建"→"形状图层"菜单命令，创建新的形状图层，并修改其名称为"船底部 d"，如图 2-43 所示。

10 选择"船底部 d"图层，用"钢笔工具" ，在"合成"窗口绘制一个如图 2-44 所示的形状（矩形的颜色参数为（R=45，G=63，B=77）。

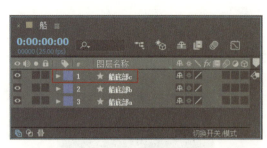

图 2-41 新建"船底部 c"图层

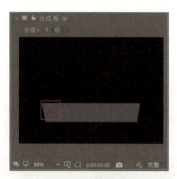

图 2-42 绘制矩形

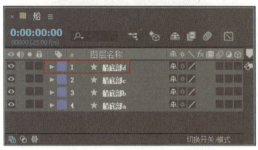

图 2-43 新建"船底部 d"图层

图 2-44 绘制船尾图形

11 执行"图层"→"新建"→"形状图层"菜单命令,创建新的形状图层,并修改其名称为"船底部 e",如图 2-45 所示。

12 选择"船底部 e"图层,用"矩形工具" ▇,在"合成"窗口绘制一个如图 2-46 所示的长条形状(矩形的颜色参数为(R=132,G=150,B=160))。

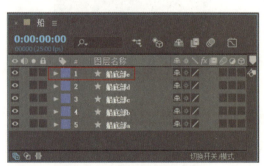

图 2-45 新建"船底部 e"图层

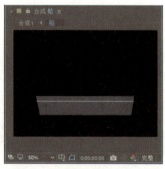

图 2-46 绘制船尾身部图形

2.3.2 船身的绘制

视频位置:视频 \ 第 2 章 \2.3.2 船身的绘制 .mp4   源文件位置:源文件 \ 第 2 章 \2.3.2

01 执行"图层"→"新建"→"形状图层"菜单命令,创建形状图层,并修改其名称为"船身 a",如图 2-47 所示。

02 选择"船身 a"图层,用"矩形工具" ▇,在"合成"窗口绘制一个如图 2-48 所示的长条矩形(矩形的颜色参数为(R=252,G=246,B=232))。

图 2-47 新建"船身 a"图层

图 2-48 绘制船身

03 执行"图层"→"新建"→"形状图层"菜单命令，创建形状图层，并修改其名称为"船身 b"，如图 2-49 所示。

04 选择"船身 b"图层，用"矩形工具"，在"合成"窗口绘制一个如图 2-50 所示的长条矩形（矩形的颜色参数为（R=240，G=233，B=224））。

图 2-49 新建"船身 b"图层

图 2-50 绘制船身矩形

05 执行"图层"→"新建"→"形状图层"菜单命令，创建形状图层，并修改其名称为"船身 c"，如图 2-51 所示。

06 选择"船身 c"图层，用"矩形工具"，在"合成"窗口绘制一个如图 2-52 所示的长条矩形（矩形的颜色参数为（R=240，G=233，B=224））。

图 2-51 新建"船身 c"图层

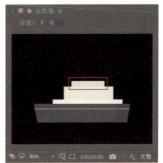

图 2-52 绘制船身矩形

07 用上述同样的方法继续创建新的形状图层，并修改名称为"阴影 a"，然后在图层面板选择"阴影 a"图层，用"矩形工具"，在"合成"窗口绘制一个如图 2-53 所示的矩形作为阴影（矩形的颜色参数为（R=196，G=192，B=183））。

08 创建形状图层，并修改名称为"阴影 b"，然后在图层面板选择"阴影 b"图层，用"矩形工具"，在"合成"窗口绘制一个如图2-54所示的矩形（矩形颜色参数为（R=196，G=192，B=183））。

09 创建形状图层，并修改名称为"分层线a"，然后在图层面板选择"分层线a"图层，用"矩形工具"■，在"合成"窗口绘制一个细长矩形放置在"船身a"与"船身b"之间（矩形的颜色参数为（R=196，G=192，B=183）），使船身分层效果更加明显，如图2-55所示。

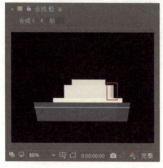 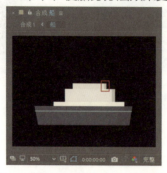 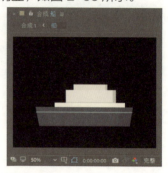

图2-53 新建"阴影a"图层并绘制图形　　图2-54 新建"阴影b"图层并绘制图形　　图2-55 新建"分层线a"图层并绘制图形

10 用上述步骤同样的方法，创建一个名为"分层线b"的形状图层，并相应的在"船身b"和"船身c"之间绘制一个分层矩形，如图2-56所示。

11 创建形状图层，并修改名称为"烟囱"，然后在图层面板选择"烟囱"图层，用"矩形工具"■，在"合成"窗口绘制一个如图2-57所示的矩形（矩形的颜色参数为（R=237，G=167，B=59））。

12 再次创建两个形状图层，分别命名为"烟囱阴影a"和"烟囱阴影b"，并先后用"矩形工具"■，在"烟囱"上方绘制如图2-58所示的阴影和分层线（矩形的颜色参数为（R=212，G=144，B=48））。

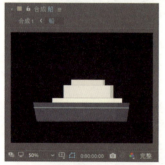  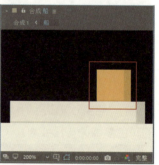

图2-56 新建"分层线b"图层并绘制图形　　图2-57 新建"烟囱"图层并绘制图形　　图2-58 新建烟囱阴影图层并绘制图形

2.3.3 整体装饰绘制

视频位置：视频\第2章\2.3.3整体装饰绘制.mp4　　源文件位置：源文件\第2章\2.3.3

01 创建形状图层，并修改名称为"烟囱线a"，然后在图层面板选择"烟囱线a"图层，用"矩形工具"■，在"合成"窗口绘制一个如图2-59所示的细长矩形（矩形的颜色参数为（R=254，G=245，B=228））。

02 在图层面板中选择"烟囱线a"图层，按组合键<Ctrl+D>进行图层的复制，并将复制出的图层命名为"烟囱线b"，并将"烟囱线b"图层对应的白色矩形移动至"烟囱线a"矩形上方，如图2-60所示。

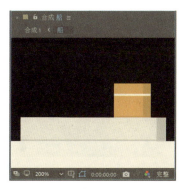 

图 2-59　新建"烟囱线 a"图层并绘制图形　　　　图 2-60　新建"烟囱线 b"图层并绘制图形

03 创建形状图层,并修改名称为"窗户 A 排",然后在图层面板选择"窗户 A 排"图层,用"矩形工具"■,在"合成"窗口绘制一个如图 2-61 所示的矩形(矩形的颜色参数为(R=81,G=93,B=119)),作为窗户。

图 2-61　新建"窗户 A 排"图层并绘制图形

04 在图层面板中选择"窗户 A 排"图层,按 8 次组合键 <Ctrl+D> 进行图层的复制,操作完成后在"窗户 A 排"图层上方新增加 8 个同属性的图层,如图 2-62 所示。然后分别单击这些图层,按键盘的 <↑><↓><←><→> 键可进行图层位置的调节,最后使复制出来的窗户图层的摆放效果如图 2-63 所示。

图 2-62　创建其余的窗户 A 排图层　　　　图 2-63　复制并调整其余的窗户 A 排图层的位置

05 在图层面板选择"窗户 A 排 9"图层,按组合键 <Ctrl+D> 进行图层的复制,并将复制出的图层命名为"窗户 B 排",如图 2-64 所示。接着选择该图层并在工具栏修改填充颜色(修改颜色参数为(R=97,G=111,B=134)),并移动摆放位置,如图 2-65 所示。

图 2-64　新建"窗户 B 排"图层　　　　　图 2-65　移动"窗户 B 排"图层

06 在图层面板中选择"窗户 B 排"图层，按 7 次组合键 <Ctrl+D> 进行图层的复制，操作完成后在"窗户 B 排"图层上方新增加 7 个同属性的图层，如图 2-66 所示。然后分别单击这些图层，按键盘上的 <↑><↓><←><→> 键进行图层位置调节，最后使复制出来的窗户图层的摆放效果如图 2-67 所示。

图 2-66　创建其余的窗户 B 排图层　　　　图 2-67　复制并调整其余的窗户 B 排图层的位置

07 在图层面板选择"窗户 B 排 8"图层，按组合键 <Ctrl+D> 进行图层的复制，并将复制出的图层命名为"窗户 C 排"，如图 2-68 所示。接着选择该图层并在工具栏修改填充颜色（修改颜色参数为（R=122，G=138，B=161）），并移动摆放位置，如图 2-69 所示。

图 2-68　新建"窗户 C 排"图层　　　　　图 2-69　移动"窗户 C 排"图层

08 在图层面板中选择"窗户 C 排"图层，按 6 次组合键 <Ctrl+D> 进行图层的复制，操作完成后在"窗户 C 排"图层上方新增加 6 个同属性的图层，如图 2-70 所示。然后分别单击这些图层，按键盘上的 <↑><↓><←><→> 键进行图层位置调节，最后使复制出来的窗户图层的摆放效果如图 2-71 所示。

09 创建形状图层，并修改名称为"船头"，然后在图层面板选择"船头"图层，用"钢笔工具"，在"合成"窗口绘制一个如图 2-72 所示的形状（颜色参数为（R=130，G=151，B=161））。

10 创建形状图层,并修改名称为"船尾",然后在图层面板选择"船尾"图层,用"矩形工具" ,在"合成"窗口绘制一个如图2-73所示的矩形(矩形的颜色参数为(R=130,G=151,B=161))。

11 创建形状图层,并修改名称为"围栏横",然后在图层面板选择"围栏横"图层,用"矩形工具" ,在"合成"窗口绘制一个如图2-74所示的长条矩形(矩形的颜色参数为(R=130,G=151,B=161))。

图 2-70　创建其余的窗户C排图层　　　　图 2-71　复制并调整其余的窗户C排图层的位置

图 2-72　新建"船头"图层并绘制图形　　图 2-73　新建"船尾"图层并绘制图形　　图 2-74　新建"围栏横"图层并绘制图形

12 创建形状图层,并修改名称为"围栏竖",然后在图层面板选择"围栏竖"图层,用"矩形工具" ,在"合成"窗口绘制一个如图 2-75 所示的长条矩形(矩形的颜色参数为(R=130,G=151,B=161))。

13 在图层面板中选择"围栏竖"图层,按组合<Ctrl+D>根据实际数量需求进行图层的复制,并逐一选择图层进行位置调整,最终摆放效果,如图 2-76 所示。

14 再次创建两个形状图层,分别命名为"船头阴影"和"船尾阴影",并先后用"矩形工具" ,在"船头"和"船尾"部分添加阴影层(阴影的颜色参数为(R=113,G=132,B=138)),如图 2-77 所示。

图 2-75　新建"围栏竖"图层并绘制图形　　图 2-76　创建其余的围栏竖图层　　图 2-77　新建"船头阴影"和"船尾阴影"图层并绘制图形

15 创建形状图层,并修改名称为"上围栏横",然后在图层面板选择"上围栏横"图层,用"矩形工具"■,在"合成"窗口绘制一个如图 2-78 所示的长条矩形(矩形的颜色 RGB 参数为(R=138,G=153,B=160)。

16 创建形状图层,并修改名称为"上围栏竖",然后在图层面板选择"上围栏竖"图层,用"矩形工具"■,在"合成"窗口绘制一个如图 2-79 所示的长条矩形(矩形的颜色 RGB 参数为(R=130,G=151,B=161)。

图 2-78 新建"上围栏横"图层并绘制图形　　图 2-79 新建"上围栏竖"图层并绘制图形

17 在图层面板中选择"上围栏竖"图层,按组合键 <Ctrl+D> 根据实际数量需求进行图层的复制,并逐一选择图层进行位置调整,最终摆放效果如图 2-80 所示。

18 至此,轮船的动画元件就全部绘制完成了,最终效果如图 2-81 所示。

图 2-80 创建其余的上围栏竖图层　　图 2-81 轮船的动画元件效果

2.3.4 天空背景元件的创建

视频位置:视频 \ 第 2 章 \2.3.4 天空背景元件的创建 .mp4　　源文件位置:源文件 \ 第 2 章 \2.3.4

轮船整体绘制完成后,还需要再创建一个天空背景来加强画面的整体性。下面具体讲解天空背景各个元件的分层创建步骤。

01 按组合键 <Ctrl+N> 创建一个新的合成,在弹出的"合成设置"对话框中,创建一个预设为"自定义"的合成,设置大小为 800px×600px,设置"像素长宽比"为"方形像素",设置帧速率为"25"帧 /s,持续时间为 2s,并设置合成名称为"Final",如图 2-82 所示。

02 执行"图层"→"新建"→"纯色"菜单命令,在弹出的"纯色设置"对话框中,创建一个与合成大小一致的固态层,并设置其名称为"背景",最后设置其颜色参数(R=136,G=192,B=210),单击"确定"按钮,如图2-83所示。

图2-82 新建合成

图2-83 新建背景图层

03 将项目面板中的"船"合成拖入"Final"图层面板中,并放置于"背景"图层上方,在"合成"窗口的预览效果,如图2-84所示。

04 执行"图层"→"新建"→"形状图层"菜单命令,创建形状图层,并修改其名称为"云朵a",如图2-85所示。

图2-84 导入图形

图2-85 新建"云朵a"图层

05 在图层面板中选择"云朵a"图层,用"椭圆工具" ,在"合成"窗口绘制3个圆形(圆形的颜色参数为(R=183,G=224,B=226)),使3个圆形拼凑成一个整体,如图2-86所示。在图层面板的内容组成如图2-87所示。

图2-86 绘制云朵a图形

图2-87 拼凑"云朵a"图形

> **提示** 这里用"椭圆工具"在同一图层内绘制云朵,必须始终保持该图层为选中状态,否则绘制的圆形会新建一层成为蒙版层。

06 创建形状图层,并修改名称为"云朵b",然后在图层面板选择"云朵b"图层,用上述同样的方法使用"椭圆工具",绘制另一朵云(圆形的颜色参数为(R=245,G=238,B=232)),如图2-88所示。在图层面板的内容组成,如图2-89所示。

图2-88 新建"云朵b"图层并绘制图形

图2-89 拼凑"云朵b"图形

07 重复上述操作,创建另外6个形状图层,分别命名为"云朵c"~"云朵h",分别单击不同的图层,用"椭圆工具",在"合成"窗口不同位置绘制另外的6朵云,效果如图2-90所示。图层面板的内容组成,如图2-91所示。

图2-90 创建其余的云朵图层

图2-91 绘制其余的云朵

08 执行"图层"→"新建"→"形状图层"菜单命令,创建一个形状图层置于顶层,并修改其名称为"太阳a"。然后在图层面板选择"太阳a"图层,用"星形工具",在"合成"窗口绘制一个星形(星形的颜色参数为(R=249,G=202,B=120))。在图层面板选择"太阳a"图层,展开其"多边星形路径1"属性栏,进行参数设置,如图2-92所示。操作完成后在"合成"窗口的对应预览效果如图2-93所示。

09 再次创建一个形状图层置于"太阳a"图层上方,并修改其名称为"太阳b",如图2-94所示。在图层面板中选择"太阳b"图层,然后用"椭圆工具",在"太阳a"图层上方绘制一个圆形(圆形的颜色参数为(R=241,G=145,B=81)),如图2-95所示。

图 2-92 新建"太阳 a"图层

图 2-93 绘制"太阳 a"图形

图 2-94 新建"太阳 b"图层

图 2-95 绘制"太阳 b"图形

2.3.5 制作关键帧动画

视频位置：视频 \ 第 2 章 \2.3.5 制作关键帧动画 .mp4　　源文件位置：源文件 \ 第 2 章 \2.3.5

所有的动画元件创建完成之后，就需要为部分图层（元件组成）设置不同的关键帧，使其真正地"动"起来。下面详细讲解在 After Effects CC 2018 中制作关键帧动画的具体步骤。

01 执行"图层"→"新建"→"形状图层"菜单命令，创建一个形状图层放置到"船"图层的下方，并修改其名称为"海浪 a"，如图 2-96 所示。

02 在图层面板中选择"海浪 a"图层，用"矩形工具" ▇，在"合成"窗口绘制一个矩形置于船身下方（矩形的颜色参数为（R=52，G=111，B=169）），效果如图 2-97 所示。

图 2-96 新建"海浪 a"图层

图 2-97 绘制"海浪 a"图形

03 选择"海浪 a"图层，为其执行"效果"→"扭曲"→"波形变形"菜单命令，然后在效果控件面板设置"波形高度"参数为"5"，设置"方向"为"0×+82.0°"，设置"波形速度"

参数为"2.0",设置"相位"为"0×+96.0°",最后设置"消除锯齿"属性为"高",如图2-98所示。操作完成后,在"合成"窗口的对应预览效果,如图2-99所示。

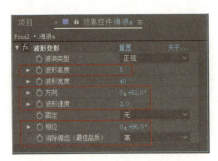

图2-98　调整"海浪a"的参数

图2-99　预览"海浪a"的效果

04 在图层面板选择"海浪a"图层,按组合键<Ctrl+D>进行图层的复制,然后将复制出的图层命名为"海浪b",放置于"船"图层的上方,并选择工具栏的"填充"选项,修改其颜色参数为（R=62,G=132,B=187）。打开其"效果控件"面板,设置"波形高度"参数为"4",设置"方向"为"0×+95.0°",设置"相位"为"0×+200.0°",如图2-100所示。

05 在"合成"窗口中选择"海浪b"图层,将其适当向下方移动,使海浪产生前后层次感,效果如图2-101所示。

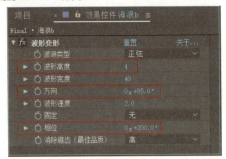

图2-100　创建"海浪b"图层

图2-101　调整"海浪b"的效果

06 在图层面板选择"海浪b"图层,按组合键<Ctrl+D>进行图层的复制,然后将复制出的图层命名为"海浪c",放置于"海浪b"图层的上方,并选择工具栏的"填充"选项,修改其颜色参数为（R=98,G=150,B=190）。打开其"效果控件"面板,设置"波形高度"参数为"7",设置"方向"为"0×+90.0°",设置"相位"为"0×+113.0°",如图2-102所示。然后在"合成"窗口将该层波浪向下进行适当位移,营造出层次感,效果如图2-103所示。

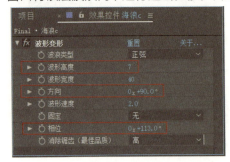

图2-102　调整"海浪c"的参数

图2-103　预览"海浪c"的效果

第 2 章 通过 AE 制作动画

07 在"海浪 c"图层上方,再创建一个形状图层,并命名为"遮挡"。然后选择该图层,用"矩形工具",在"合成"窗口绘制一个长条矩形置于"海浪 c"图层上方(矩形的颜色参数为(R=98,G=150,B=190)),用于遮挡波浪下方的露出部分,效果如图 2-104 所示。

08 在图层面板中,同时选择"云朵 a"~"云朵 h"这 8 个图层,按快捷键 <P> 统一展开这些图层的"位置"属性。接着在 0:00:00:00 时间点的位置单击这 8 个图层"位置"属性前的"关键帧记录器"按钮,统一设置"位置"关键帧,并按照图 2-105 所示进行"位置"参数的设置。

> 提示　当图层为全选状态时,对任意一个图层进行参数设置,会同时影响被选中的其他图层。

图 2-104　创建"遮挡"图层并绘制图形

图 2-105　调整云朵图层的位置参数(1)

09 在图层面板左上角修改时间点为 0:00:02:00,然后在"云朵 a"~"云朵 h"这 8 个图层全选状态下,单击"位置"属性前的"在当前时间添加或移除关键帧"按钮,统一设置关键帧,如图 2-106 所示。

10 在图层面板左上角修改时间点为 0:00:01:00,并在该时间点按照图 2-107 所示对"云朵 a"~"云朵 h"这 8 个图层的"位置"参数进行设置。

图 2-106　设置云朵图层的关键帧

图 2-107　调整云朵图层的位置参数(2)

> 提示　这里对于云朵动画的制作还可以通过选择图层,并对应的在"合成"窗口进行有选择的位移调整,可以根据实际情况进行操作。

11 在图层面板中选择"太阳 a"图层,按快捷键 <R> 展开其"旋转"属性,然后在 0:00:00:00

41

时间点，单击"旋转"属性前的"关键帧记录器"按钮 ，设置关键帧，同时设置"旋转"参数为"2×+0.0°"，如图2-108所示。

12 在图层面板左上角修改时间点为0:00:01:00，在该时间点设置"旋转"参数为"0×+0.0°"，接着在0:00:02:00时间点设置"旋转"参数为"2×+0.0°"，如图2-109所示。

图2-108 设置"太阳a"图层的关键帧　　　　图2-109 设置"太阳a"图层的旋转参数

13 在图层面板中选择"太阳b"图层，按快捷键<S>展开其"缩放"属性，然后在0:00:00:00时间点单击"缩放"属性前的"关键帧记录器"按钮 ，设置关键帧，同时设置"缩放"参数为"100.0，100.0%"，如图2-110所示。

14 在图层面板左上角修改时间点为0:00:01:00，在该时间点设置"缩放"参数为"80.0，80.0%"，接着在0:00:02:00时间点设置"缩放"参数为"100.0，100.0%"，如图2-111所示。

图2-110 设置"太阳b"图层的关键帧　　　　图2-111 设置"太阳b"图层的缩放参数

2.3.6 将动画制成GIF动图

视频位置：视频\第2章\2.3.6将动画制成GIF动图.mp4　　　源文件位置：源文件\第2章\2.3.6

　　持续时间较短的动画，导出成视频格式文件是不合适的。因此需要导出成GIF动态图像文件格式，使其以合适的速率进行循环演示。接下来，将为各位读者详细讲解如何将After Effects CC 2018中制作的短时动画导出成GIF动图。

01 在After Effects CC 2018中完成动画的制作后，为"Final"合成执行"文件"→"导出"→"添加到渲染队列"菜单命令，如图2-112所示。

02 进入渲染队列面板,选择"输出模块"属性后的"无损"选项,如图 2-113 所示。

图 2-112 添加渲染队列

图 2-113 选择"无损"选项

03 在弹出的"输出模块设置"对话框中,展开"格式"选项右侧的下拉菜单,选择"PNG 序列"选项,并单击"确定"按钮,如图 2-114 所示。

04 在渲染队列面板中选择"输出到"属性后的"尚未指定"选项,如图 2-115 所示。

05 在弹出的"将影片输出到"对话框中,设置储存位置及名称,并单击"保存"按钮,如图 2-116 所示。

06 设置完成后,回到渲染队列面板,单击面板右上角的"渲染"按钮,如图 2-117 所示。

图 2-114 选择"PNG 序列"选项

图 2-115 选择"尚未指定"选项

图 2-116 单击"保存"按钮

图 2-117 单击"渲染"按钮

07 渲染完成后，关闭 After Effects CC 2018 软件，启动 Photoshop 软件，如图 2-118 所示。

08 进入 Photoshop 操作界面，执行"文件"→"脚本"→"将文件载入堆栈"菜单命令，如图 2-119 所示。

图 2-118 启动 Photoshop

图 2-119 导入序列

09 在"载入图层"对话框中，设置以"文件夹"的方式载入，并单击"浏览"按钮，如图 2-120 所示。

10 在弹出的"选择文件夹"对话框中，找到上述保存的 PNG 序列文件夹，单击"确定"按钮，如图 2-121 所示。

图 2-120 "载入图层"对话框

图 2-121 选择序列文件夹

11 完成文件的载入后，单击"载入图层"面板右上角的"确定"按钮，如图 2-122 所示。

12 将 PNG 序列导入 Photoshop 图层面板后，执行"窗口"→"时间轴"菜单命令打开时间轴面板，并单击该窗口中的"创建帧动画"按钮，如图 2-123 所示。

图 2-122 载入序列

图 2-123 创建帧动画

13 创建帧动画后，单击时间轴面板的菜单按钮■，在弹出的扩展菜单中，选择"从图层建立帧"选项，如图 2-124 所示。操作完成后在时间轴面板将自动组合序列生成动画，如图 2-125 所示。

图 2-124　从图层建立帧

图 2-125　生成动画

14 单击时间轴面板的菜单按钮■，在弹出的扩展菜单中选择"选择全部帧"选项，如图 2-126 所示。

15 由于此时时间轴面板中的帧动画是反向的，因此再次单击时间轴面板的菜单按钮■，在弹出的扩展菜单中选择"反向帧"选项，如图 2-127 所示。

图 2-126　选择全部帧

图 2-127　选择反向帧

16 上述操作后，帧动画就已制作完成，执行"文件"→"导出"→"存储为 Web 所用格式（旧版）"菜单命令，如图 2-128 所示。

17 在弹出的"存储为 Web 所用格式"面板中，将"预设"设置为"GIF"和"GIF 64 无仿色"，设置动画属性中的"循环选项"为"永久"，最后单击"存储"按钮，如图 2-129 所示。

图 2-128　存储为 Web 所用格式

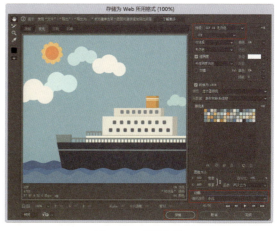

图 2-129　存储文件

18 在弹出的"将优化结果存储为"对话框中，设置名称及存储位置，单击"保存"按钮，即可输出 GIF 动图至指定文件夹，如图 2-130 所示。

19 至此，游轮动画已全部制作完成，可在上述指定的文件夹中找到 GIF 动图进行预览，如图 2-131 所示。

图 2-130　输出 GIF

图 2-131　得到 GIF 文件

2.4 本章小结

通过对本章的学习，可以深入了解 After Effects CC 2018 的应用领域、运行环境和部分新增特性，本章对全书的学习起到了引导的作用。

本章主要学习了 After Effects CC 2018 的工作界面、素材形式以及操作流程。熟悉 After Effects CC 2018 的工作界面有助于日后更方便地操作该款软件，这在以后实际项目的制作中有着不可忽视的作用。

MG 动画制作中主要用到的素材形式是：图片素材、视频素材和音频素材。读者还需多加了解 After Effects CC 2018 所支持的各类素材形式，以便于导入素材时更加得心应手。

第 3 章
通过 C4D 制作动画

Cinema 4D 是目前颇为流行的设计软件,无论是在影视后期制作,还是在工业设计、平面设计中,Cinema 4D 都有广泛的应用。在 MG 动画制作中,Cinema 4D 主要用于制作一些三维效果的动画。本章将详细介绍 Cinema 4D 的一些常用技巧,让读者对该软件可以达到灵活运用的程度。

3.1 初识 Cinema 4D

Cinema 4D，简称 C4D。该软件由德国 MAXON 公司出品，是一款功能强大的 3D 绘图软件。作为一款综合型的三维软件，Cinema 4D 以高速图形计算速度著称，有着令人惊叹的渲染器和粒子系统。Cinema 4D 具备高端 3D 绘图软件的所有功能，处理图形更加流畅、高效，更便于操作。

Cinema 4D 渲染器在不影响速度的前提下，可以为用户渲染出极高品质的图像。同时软件内置丰富的工具包，方便在制作 MG 动画时，营造出各种动效。

如前文所说，MG 动画是一种风格，而不是专指某个软件制作的动画。因此除了常见的二维 MG 动画外，也有许多三维 MG 动画，如图 3-1 所示。像这种三维 MG 动画就需要借助 Cinema 4D 来完成。

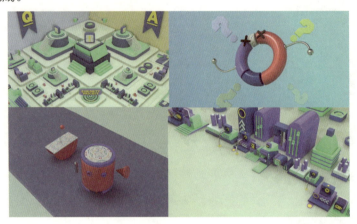

图 3-1　Cinema 4D 制作的三维 MG 动画

> 提示　本书将以 Cinema 4D R18 版本为例进行讲解。

Cinema 4D R18 功能强大，处理性能优秀，安装该软件对计算机硬件有比较高的要求，具体列举以下几点。

- 具有 64 位的多核 Intel 处理器。
- Microsoft Windows 7 Service Pack 1（64 位）、Windows 8.1（64 位）或 Windows 10（64 位）。
- 8GB RAM（建议分配 16GB）。
- 2GB 可用硬盘空间，安装过程中需要额外可用空间（无法安装在可移动闪存设备上）。
- 用于磁盘缓存的额外磁盘空间（建议分配 10GB）。
- 1280×1080 分辨率的显示器。
- 可选：Adobe 认证的 GPU 显卡，用于 GPU 加速的光线追踪 3D 渲染器。

3.2 用户界面详解

Cinema 4D 的操作界面由标题栏、菜单栏、工具栏、编辑模式工具栏、视图窗口、动画编辑窗口、材质窗口、坐标窗口、对象/场次/内容浏览器/构造窗口、属性/层面板和提示栏等 11 个区域组成，如图 3-2 所示。

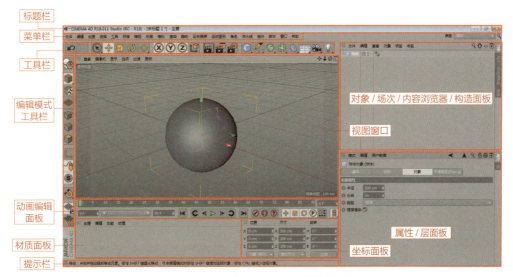

图 3-2 Cinema 4D 的操作界面

3.2.1 标题栏

标题栏位于 Cinema 4D 操作界面的最上方，如图 3-3 所示，标题栏显示了当前新建或打开的文件名称、软件版本信息等内容。标题栏最右侧提供了"最小化"按钮、"最大化"按钮、"恢复窗口大小"按钮和"关闭"按钮。

图 3-3 标题栏

3.2.2 菜单栏

菜单栏位于标题栏的下方，包括了"文件""编辑""创建""选择""工具""网格""捕捉""动画""模拟""渲染""雕刻""运动跟踪""运动图形""角色""流水线""插件""脚本""窗口"和"帮助"等 19 个菜单，几乎囊括了主要的工具和命令，如图 3-4 所示。

图 3-4 菜单栏

1. 子菜单

在 Cinema 4D 的菜单中，如果工具后面带有黑色小箭头符号，则表示该工具拥有子菜单，如图 3-5 所示。

2. 隐藏的菜单

如果用户的屏幕比较小，不足以显示管理器中的所有菜单，那么系统会自动把未显示的菜单隐藏在一个三角形按钮下，单击该按钮即可展开菜单，如图 3-6 所示。

3. 具有复选框的菜单命令

有些菜单命令具有复选框，这些菜单命令前面如果带有复选标记（√）则表示选中，如图 3-7 所示。

4. 可移动的菜单

有些菜单组的顶部有双线，单击双线，该菜单组即可脱离原菜单成为独立面板，如图 3-8 所示。

 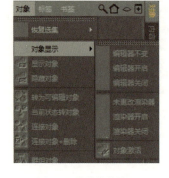  

图 3-5　子菜单　　　　图 3-6　隐藏的菜单　　　　图 3-7　具有复选框的菜单命令　　　图 3-8　可移动的菜单

3.2.3 工具栏

工具栏位于菜单栏的下方，其中包含了 Cinema 4D 预设的一些常用工具，使用这些工具可以创建和编辑模型，如图 3-9 所示。

图 3-9　工具栏

如果用户的屏幕比较小，那么操作界面上显示的工具栏就会不完整，一些工具按钮将会被隐藏。如果要显示这些隐藏的按钮，只需在工具栏的空白处单击鼠标，待指针变为抓手形状后左右拖动工具栏即可显示。

工具栏中的工具按照特点可以分为两类，一类是单独的工具，这类工具的按钮右下角没有小黑三角形，如 、 等；另一类是工具组，工具组按照类型将功能相似的工具集合在一个按钮下，如基本体工具 ，在该种按钮上按住鼠标左键不放即可显示相应的工具组。工具组的显著特征是在按钮的右下角有一个小黑三角形，如图 3-10 所示。

图 3-10　工具组

工具栏是 Cinema 4D 操作中应用频率最高的地方，因此下面详细介绍工具栏上的按钮。

- "撤销上一次操作"工具：单击该按钮可以返回到上一步，是常用的工具之一，用于撤销错误的操作，快捷键为<Ctrl+Z>。
- "重复"工具：单击该按钮可以重新执行被撤销的操作，快捷键为<Ctrl+Y>。
- "选择"工具组：“选择"工具组中包含了4个工具，分别为"实时选择"工具、"框选"工具、"套索"工具和"多边形选择"工具，如图 3-11 所示。

　　■ "实时选择"工具：将场景中的对象转换为可编辑对象后，使用该工具按住鼠标左键拖拽即可选择对相应的元素（点、线、面）。单击后在指针处将出现一个小圆，即使元素只有一小部分位于小圆内也可以被选中，如图 3-12 所示，将鼠标放置在模型的单个面上，即可选中该面。

图 3-11　"选择"工具组

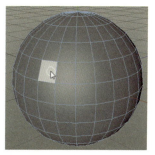

图 3-12　选择模型上的面

　　■ 框选工具：将场景中的对象转换为可编辑对象后，使用该工具拖拽出一个矩形框，对相应的元素（点、线、面）进行选择，只有完全位于矩形框内的元素才能被选中。如图 3-13 所示，框选中心区域的 9 个点，即可选中这些点对象（被选中的对象会高亮显示）。

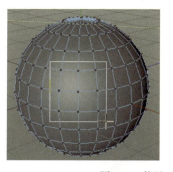
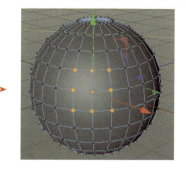

图 3-13　使用"框选"工具进行选择

　　■ "套索"工具：将场景中的对象转换为可编辑对象后，使用该工具绘制一个不规则的区域，对相应的元素（点、线、面）进行选择，只有完全位于绘制区域内的元素才能被选中，如图 3-14 所示。在使用套索工具绘制选区时，选区不一定要形成封闭的区域。

　　■ "多边形选择"工具：将场景中的对象转换为可编辑对象后，使用该工具绘制一个多边形，对相应的元素（点、线、面）进行选择，只有完全位于多边形内的元素才能被选中，如图 3-15 所示。

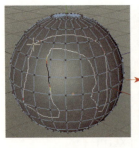 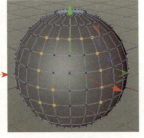 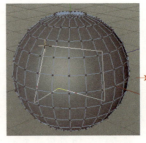 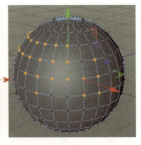

图 3-14 使用"套索"工具进行选择　　　　　图 3-15 使用"多边形"工具进行选择

● "移动"工具：选中该工具后，视图中被选中的模型上将会出现一个三维坐标轴，其中红色代表 x 轴，绿色代表 y 轴，蓝色代表 z 轴。如果用户在绘图区的空白处按住鼠标左键并进行拖拽，可以将模型移动到三维空间的任何位置；如果将指针指向某个坐标轴，该坐标轴将会变为黄色，同时模型也被锁定为沿着该坐标轴进行移动，工具栏中的工具被选中后会呈高亮显示，如图 3-16 所示。

图 3-16 移动模型

当选择"移动"工具、"缩放"工具或者"旋转"工具时，在模型的三个坐标轴上会出现 3 个黄点，拖动某个坐标轴上的黄点可以使模型沿着该坐标轴进行缩放，如图 3-17 所示。

● "缩放"工具：选中该工具后，单击任意坐标轴上的小方块进行拖动可以对模型进行等比缩放，用户也可以在绘制区的任意位置按住鼠标左键不放进行拖拽，对模型进行等比缩放。

● "旋转"工具：该工具用于控制模型的旋转。选中该工具后，在模型上将会出现一个球形的旋转控制器，旋转控制器上的 3 个圆环分别控制模型的 x 轴、y 轴和 z 轴，如图 3-18 所示。

● "最近使用"工具组：该工具组中包含了最近使用的几个工具，当前使用的工具会位于最上端，如图 3-19 所示。

 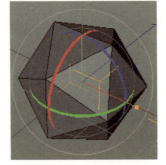 

图 3-17 缩放模型　　　　　图 3-18 旋转模型　　　　　图 3-19 "最近使用"工具组

- "x轴/y轴/z轴"工具：这3个工具默认为选中状态，用于控制坐标轴的锁定。例如对模型进行移动时，如果关闭x轴和y轴，那么模型只能在z轴方向上进行移动（仅针对在绘图区的空白区处按住鼠标左键进行拖拽的情况，如果用户拖拽的是x轴或者y轴，那么模型还是能够在这两个方向上进行移动）。
- "坐标系统"工具：该工具用于切换坐标系统，默认为对象坐标系统，单击后将切换为世界坐标系统。
- "渲染活动视图"工具：该工具可对当前被选择的视图窗口进行一次快速地渲染，供用户预览并判断最终的渲染效果。
- "渲染到图片查看器"工具组：该工具组用于最后的渲染输出，用户可以选择所需的渲染选项，并进行更具体的参数设置，如图3-20所示。
- "编辑渲染设置"工具：单击该工具按钮会弹出"渲染设置"对话框，如图3-21所示。在其中可以进行渲染参数的设置。当场景动画、材质、灯光等所有工作进行完毕后，在渲染输出前，可以对渲染器进行一些相应的设置，以此来达到最佳的渲染效果。

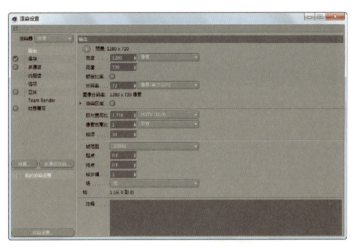

图3-20 "渲染到图片查看器"工具组　　　　图3-21 "渲染设置"对话框

- "参数几何体"工具组：该工具组中的工具用于创建一些基本几何体，用户也可以对这些几何体进行变形，从而得到更复杂的形体，如图3-22所示。
- "曲线"工具组：使用该工具组中的工具可以绘制基本的样条线，也可以绘制任意形状的样条线，如图3-23所示。

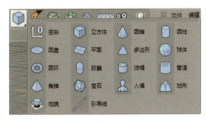
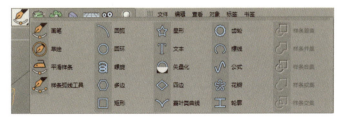

图3-22 "参数几何体"工具组　　　　图3-23 "曲线"工具组

- "NURBS曲面"工具组：该工具组中的工具可以用来创建各种形态的曲面，如图3-24所示。
- "造型"工具组：该组集中了诸如阵列、布尔等编辑命令在内的实体、曲面类工具，如

图 3-25 所示。

图 3-24 "NURBS 曲面" 工具组

图 3-25 "造型" 工具组

- "变形器" 工具组：该工具组中的工具用于对场景中的对象进行变形操作，如图 3-26 所示。
- "场景" 工具组：该工具组中的工具用于创建场景中的地面、天空、背景的对象，如图 3-27 所示。

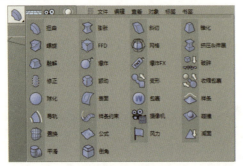

图 3-26 "变形器" 工具组

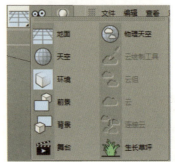

图 3-27 "场景" 工具组

- "摄像机" 工具组：该工具组中的工具用于创建自由摄像机，可像操作真实的摄像机一样，对视图进行推拉、平移操作，如图 3-28 所示。
- "灯光" 工具组：该工具组中的工具可以为场景模型添加适当的光照，使之能够产生反射、阴影等效果，从而使场景模型更加生动，如图 3-29 所示。

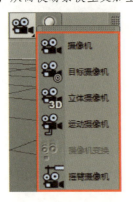

图 3-28 "摄像机" 工具组

图 3-29 "灯光" 工具组

3.2.4 编辑模式工具栏

编辑模式工具栏位于操作界面的最左侧，在这里可以切换不同的编辑模式，如图 3-30 所示。

第 3 章 通过 C4D 制作动画

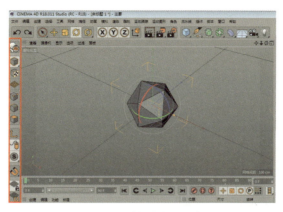

图 3-30 编辑模式工具栏

● "转为可编辑对象"工具：单击该工具可以将选择的实体模型或者 NURBS 物体快速转换为可编辑对象，在很多的三维软件中都有类似的功能。实体模型无法进行点、线、面元素的局部编辑操作，如图 3-31 所示；只有转换为可编辑对象后，才能对模型的点、线、面元素进行编辑，如图 3-32 所示。

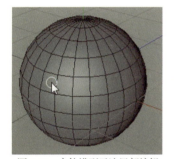

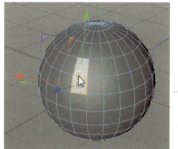

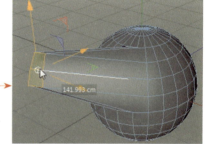

图 3-31 实体模型无法局部编辑　　　　图 3-32 可编辑对象的点、线、面可以编辑

提示 当场景中不存在任何对象时，该工具不能被选择。

● "模型"工具：单击该工具进入模型编辑模式，通常在建模时使用。
● "纹理"工具：单击该工具进入纹理编辑模式，用于编辑当前被选择的纹理，如图 3-33 所示。
● "工作平面"工具：单击该工具可以控制模型外围工作平面的显示，即橘黄色的最大外围框，如图 3-34 所示。

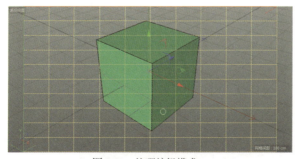

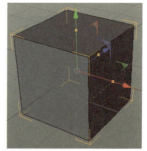

图 3-33 纹理编辑模式　　　　　　　　图 3-34 工作平面

● "点"工具：单击该工具进入点编辑模式，用于对可编辑对象上的点元素进行编辑，被

55

选中的点会呈高亮显示，如图3-35所示。

● "边"工具：单击该工具进入边编辑模式，用于对可编辑对象上的边元素进行编辑，被选中的边会呈高亮显示，如图3-36所示。

● "面"工具：单击该工具进入面编辑模式，用于对可编辑对象上的面元素进行编辑，被选中的面会呈高亮显示，如图3-37所示。

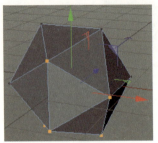 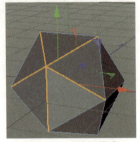 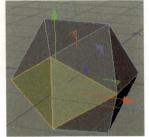

图3-35　点编辑模式　　　　图3-36　边编辑模式　　　　图3-37　面编辑模式

> 提示：在点、线、面模式中编辑对象时，需要将模型转换为可编辑对象。

3.2.5　视图窗口

视图窗口是Cinema 4D主要的工作显示区，模型的创建和各种动画的制作都会在这里显示。在初学时要注意的是，经常会由于误操作单击了鼠标中键导致视图分成了4个区域，如图3-38所示。

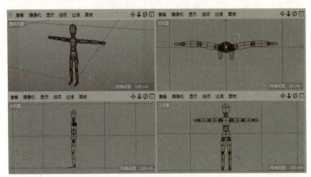

图3-38　视图窗口

此时可以将指针放置在需要返回的视图上，然后单击即可进入对应的视图。如果要回到默认的视图区域，即移动鼠标至左上角的轴测图再单击中键即可，如图3-39所示。

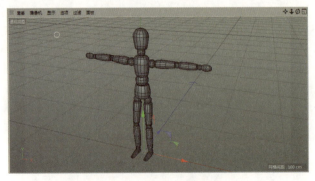

图3-39　放大的单一视图效果

3.2.6 对象 / 场次 / 内容浏览器 / 构造面板

对象 / 场次 / 内容浏览器 / 构造面板位于操作界面的右上方，使用该面板可以非常快速地对场景中的对象进行选择、编辑、赋予材质、调整坐标位置等操作。每个窗口都有属于自己的内容，它们之间既可单独存在，也可共同存在，如图 3-40 所示。

对象 / 场次 / 内容浏览器 / 构造面板包含 4 个标签，分别是对象、场次、内容浏览器和构造，收纳于操作界面的最右侧，其具体含义介绍如下。

1. 对象

对象面板用于管理场景中的对象，大致可以划分为 4 个区域，菜单栏、对象列表区、标签区和隐藏 / 显示区，如图 3-41 所示。

图 3-40　对象 / 场次 / 内容浏览器 / 构造面板　　　　图 3-41　对象面板

（1）菜单栏

菜单栏中的命令用于管理列表区中的对象，例如合并对象、设置对象层级、复制对象、隐藏或显示对象、为对象添加标签以及为对象命名等。

（2）对象列表区

对象列表区用于显示场景中所有存在的对象，包括几何体、灯光、摄像机、骨骼、变形器、样条线和粒子等，这些对象通过结构线组成树形结构图，即所谓的父子关系。如果要编辑某个对象，可以在场景中直接选择该对象，也可以在该区域中进行选择，选中的对象名称将呈高亮显示。如果选择的是子对象，那么与其相关联的父级对象也将高亮显示，但颜色会稍暗一些，如图 3-42 所示，克隆对象为高亮显示，而最上方的颜料盒与颜料瓶对象也会高亮显示，但明亮程度不如克隆。

此外，每个对象都有自己的名称，如果用户在创建的时候没有给对象命名，那么系统将自动以递增序列号为对象命名，排列方式由下至上，如图 3-43 所示。

　　　　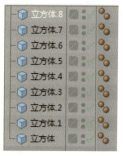

图 3-42　对象列表区　　　　　　　　　　　图 3-43　对象的名称

> 提示
>
> 对象的层级关系可以根据用户的意愿进行调整，如果要让一个对象成为另一个对象的子对象，只需将该对象拖拽到另一个对象上，当指针呈现如图  的形状时，释放鼠标即可建立这种层级关系；同理，如果要解除层级关系，只需将子对象拖拽到空白区域即可。另外，如果只是调整对象之间的顺序，可以将需调整顺序的对象拖拽到另一个对象的上方或下方即可。

（3）隐藏/显示区

隐藏/显示区用于控制对象在视图中或渲染时的隐藏和显示，每个对象后面都有一个方块、两个圆点和一个绿色的勾，如图 3-44 所示。各含义说明如下。

- "层的操作"按钮：单击隐藏/显示区中的方块按钮，会弹出一个包含了两个选项的菜单，其中"加入新层"选项用于创建一个新的图层并使选择的对象自动加入该图层，如图 3-45 所示。而"层管理器"选项用于打开"层浏览器"，在"层浏览器"中可以查看并编辑图层。

图 3-44 对象的隐藏和显示　　　　　　图 3-45 选项菜单

- "图形的显示与隐藏"按钮："层的操作"按钮后面的两个小圆点呈上下排列，上面的圆点控制对象在视图中的隐藏或者显示，下面的圆点控制对象在渲染时隐藏或者显示。圆点有 3 种显示状态，分别以灰色、绿色和红色显示，单击圆点即可在 3 种显示状态之间切换。其中灰色是默认的显示状态，表示对象被正常显示，如图 3-46 所示；绿色代表强制显示状态，通常情况下父级对象被隐藏时，子级对象也会被隐藏，而当此按钮为绿色时，无论其父级对象是否被隐藏，子级对象均会显示，如图 3-47 所示；红色代表对象被隐藏，如图 3-48 所示。

- "对象的关闭与启用"按钮：如果单击这个绿色的勾，此按钮会变成红色的叉，表示该对象已经被关闭，此后文件中的任何操作均不会影响该对象，同时此对象被隐藏。当场景中的对象没有添加任何变形器或生产器时，绿色的勾代表显示，红色的叉代表关闭，这种显示和关闭包括渲染状态。

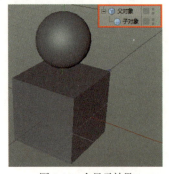 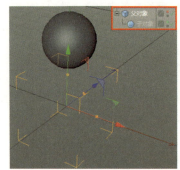 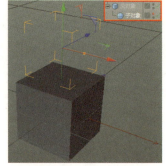

图 3-46 全显示效果　　　　　图 3-47 父对象被隐藏　　　　　图 3-48 子对象被隐藏

（4）标签区

在标签区可以为对象添加或者删除标签，标签可以被复制，也可以被移动。Cinema 4D 为用户提供的标签种类很多，使用标签可以为对象添加各种属性，例如将材质球赋予模型后，材质球会作为标签的形式显示在对象标签中，如图 3-49 所示。

一个对象可以拥有多个标签，标签的顺序不同，产生的效果也会不同。为对象添加标签的方法有两种，一种是选择要添加标签的对象，然后右击鼠标，在弹出的菜单中选择相应的标签进行添加即可，如图 3-50 所示；另一种是选择要添加标签的对象，然后单击"对象"面板中的"标签"选项卡，同样可以打开图 3-50 所示的菜单添加标签。

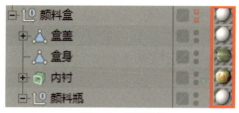

图 3-49 材质标签

图 3-50 "标签"菜单

2. 场次

场次是 Cinema 4D R17 版本以后的一个新增功能。该面板可以有效提升设计师的效率，它允许设计师在同一个工程文件中进行切换视角、材质和渲染设置等各种操作，如图 3-51 所示。场次呈现层级结构，如果想选择当前场次，需要勾选中场次名称前面的方框。

3. 内容浏览器

该面板用于管理场景、图像、材质、程序着色器和预置档案等，也可以添加和编辑各类文件，在预置中可以加载有关模型、材质等文件。定位到文件所在位置后，可以直接将文件拖入到场景中进行使用，如图 3-52 所示。

图 3-51 场次

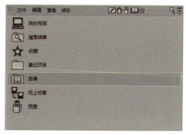

图 3-52 内容浏览器

4. 构造

构造面板用于显示对象上各特征点的坐标参数，如图 3-53 所示。

点	X	Y	Z	<- X
0	-206.718 cm	136.634 cm	-64.414 cm	-239.89 cm
1	-180.167 cm	-11.556 cm	-140.524 cm	0 cm
2	24.862 cm	-61.835 cm	-21.579 cm	0 cm
3	131.245 cm	55.923 cm	133.05 cm	0 cm
4	85.352 cm	165.743 cm	170.091 cm	0 cm

图 3-53 构造窗口

3.2.7 属性/层面板

属性/层面板是 Cinema 4D 非常重要的一个面板，此面板会根据当前所选择的工具、对象、材质或者灯光来显示相关的属性，即如果选择的是工具，那么显示的就是工具的属性；如果选择的是材质，那显示的则是材质的属性；如果没有任何选择或者选择的内容没有任何属性，那么将显示为空白面板。

属性/层面板包含了所选择对象的所有参数，这些参数按照类型以选项卡的形式进行区分，单击选项卡即可将选项卡的内容显示在"属性"的面板中，如果要在面板中同时显示几个选项卡的内容，只需在按住 <Shift> 键的同时单击想要显示的选项卡即可，显示的选项卡将会呈高亮显示，如图 3-54 所示。

图 3-54 属性/层面板

3.2.8 动画编辑面板

Cinema 4D 的动画编辑面板位于视图窗口的下方，包含时间轴和动画编辑工具，如图 3-55 所示。在使用 Cinema 4D 进行动画制作时会用到此窗口。

图 3-55 动画编辑窗口

3.2.9 材质面板

材质面板用于管理材质，包括材质的新建、导入、应用等，如图 3-56 所示。

图 3-56 材质窗口

在材质面板中，一个材质球代表一种材质。Cinema 4D 中的材质主要以自带的材质预设为主，其中包含了金属、塑料、自然环境、木料、石材、液体、冰雪等 15 类材质。

> **提示** 在材质面板的空白区域双击，或者按组合键 <Ctrl+N> 便可以快速新建一个普通材质，如图 3-57 和图 3-58 所示。

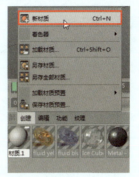

图 3-57　空白区域双击创建新材质　　　　图 3-58　通过组合键 <Ctrl+N> 创建新材质

3.2.10　坐标面板

坐标面板位于材质面板的右侧，是 Cinema 4D 独具特色的面板之一，常用于控制模型的位置、尺寸和旋转，如图 3-59 所示。其中"位置"栏中的 X、Y、Z 参数指对象的坐标；"尺寸"栏中的 X、Y、Z 参数表示对象本身的大小，其测量基准均为中心对称测量法。

图 3-59　坐标面板

> **提示** 中心对称测量法，即表示模型的位置测量点始终位于模型的几何中心，模型的外围尺寸相对于该点中心对称。如图 3-60 所示的矩形，其在 X 和 Y 轴方向上的边长为 2cm，因此可以在"尺寸"栏下的 X 和 Y 文本框中都输入 2cm，而"位置"栏中应该输入几何中心所在的坐标位置，因此在"位置"栏下的 X 和 Y 文本框中分别输入 4cm 和 3cm。

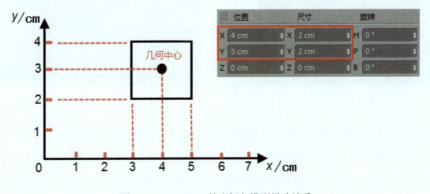

图 3-60　Cinema 4D 的坐标与模型尺寸关系

3.2.11 提示栏

提示栏位于 Cinema 4D 软件的最下方，对于初学者是一个很有用的区域。该区域除了显示错误和警告的信息外，还会显示相关工具的提示信息，提示读者接下来的操作步骤，如图 3-61 所示。因此在初学 Cinema 4D 的时候，一定要养成经常查看提示栏的好习惯，这样能有效减少盲目探索的时间。

图 3-61 提示栏

3.3 创建扁平化小方块动效

01 启动 Cinema 4D 软件，进入其操作界面，按组合键 <Ctrl+N> 创建一个新项目，在工具栏中单击"立方体"按钮，创建一个立方体，如图 3-62 所示。

02 在工具栏中长按"地面"按钮，在展开的工具面板中，选择"背景"选项，如图 3-63 所示。

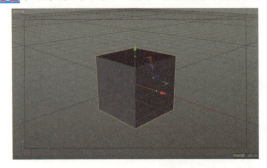

图 3-62 创建立方体

图 3-63 选择"背景"选项

03 在右侧的对象面板中，选择"立方体"选项，如图 3-64 所示。选中模型后，在"编辑模式工具栏"中单击"转为可编辑对象"按钮，如图 3-65 所示。

图 3-64 选择"立方体"选项

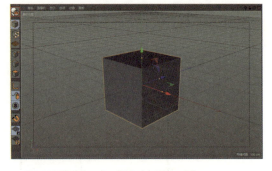

图 3-65 转化为可编辑对象

04 单击材质面板，按组合键 <Ctrl+N> 创建一个材质球，如图 3-66 所示。

05 双击材质球，打开其"材质编辑器"面板，取消"颜色"和"反射"选项的勾选，勾选"发光"选项，同时，在"发光"面板中设置颜色参数为（R=50, G=50, B=50），如图 3-67 所示。

图 3-66 创建材质球

图 3-67 编辑材质球

06 关闭"材质编辑器"面板,单击上述创建的材质球,按组合键 <Ctrl+C> 进行复制,接着按组合键 <Ctrl+V> 粘贴出 3 个新的材质球,如图 3-68 所示。

07 双击不同的材质球进入对应的"材质编辑器"面板,分别修改材质球的"发光"颜色,如图 3-69 所示。

图 3-68 复制材质球

图 3-69 修改材质球的"发光"颜色

> 提示　红色材质球的参数为(R=214,G=57,B=50);黄色材质球的参数为(R=231,G=57,B=17);蓝色材质球的参数为(R=35,G=148,B=154)。

08 选择材质面板中的黑色材质球,将其拖入对象面板的"背景"图层中,如图 3-70 所示。

09 在"编辑模式工具栏"中单击"多边形"按钮，切换成面模式,然后单击立方体模型中的一个面,如图 3-71 所示。

图 3-70 给背景添加材质

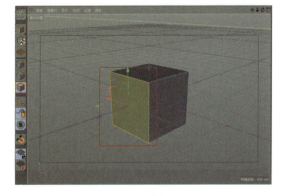

图 3-71 选择面

10 选中材质面板中的红色材质球,将其拖入选择的面中,如图 3-72 所示。

11 在面模式下,依次选择其他面,分别为它们拖入不同颜色的材质球,如图 3-73 所示。

图 3-72　给面添加材质

图 3-73　给其他面添加不同材质

> 提示　添加不同颜色的材质，一定要在面模式下先选中对应的面，然后再将材质拖入面。

12 为所有面添加完材质之后，在对象面板中选择"立方体"选项，如图 3-74 所示。

13 在"编辑模式工具栏"中单击"模型"按钮，将面编辑模式切换成模型编辑模式，进入"立方体"属性面板，在第 0 帧的位置，单击 X 轴缩放属性前的关键帧按钮，设置关键帧，如图 3-75 所示。

图 3-74　选择"立方体"选项

图 3-75　设置"缩放"关键帧

> 提示　上述操作是要为整体设置关键帧动画，所以操作前要将面编辑模式切换成模型编辑模式。属性面板中的 P 代表"位置"属性，S 代表"缩放"属性，R 代表"旋转"属性。关键帧按钮变成红色，代表关键帧已设置完成。

14 在动画编辑面板中，将时间条拖动到第 10 帧的位置，同时将整体长度延长为 120F，如图 3-76 所示。

15 在属性面板中修改 X 轴的缩放参数为"2"，同时单击属性前的关键帧按钮，设置关键帧，如图 3-77 所示。

图 3-76　动画编辑面板

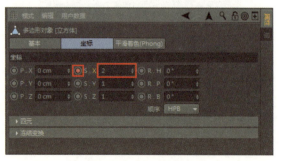
图 3-77　第 10 帧处设置关键帧

> 提示：改变时间条的位置，设置的关键帧按钮会变成○状态，需要单击成●状态来设置新的关键帧。

16 将时间条拖动到第 20 帧的位置，然后在属性面板中修改 X 轴的缩放参数为"2"，修改 Z 轴的缩放参数为"1"，并分别单击属性前的关键帧按钮◉，设置关键帧，如图 3-78 所示。设置关键帧后，立方体模型产生的效果如图 3-79 所示。

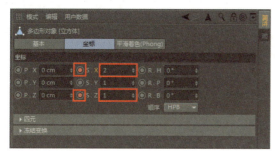

图 3-78 第 20 帧处设置关键帧

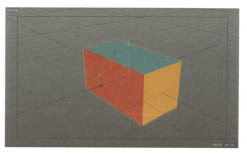

图 3-79 预览效果

17 使用相同方法，在不同的时间点分别设置 X、Y、Z 轴"缩放"关键帧，见表 3-1。

表 3-1 不同时间点的"缩放"关键帧设置

时间点	X 轴缩放	Y 轴缩放	Z 轴缩放
30 帧	2	0	2
40 帧	2	1	2
50 帧	1	2	2
60 帧	1	2	2
70 帧	2	2	2
80 帧	2	2	2
110 帧	1	1	1
120 帧	1	1	1

18 设置"缩放"关键帧后，在视图窗口预览模型的动画效果，如图 3-80 所示。

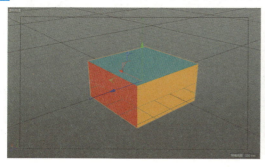 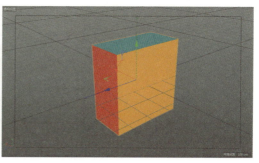

图 3-80 效果预览

19 为模型设置旋转动画。在第 80 帧的位置单击 H（航向）旋转属性前的关键帧按钮，设置关键帧，如图 3-81 所示。

20 在第 110 帧的位置设置 H 旋转参数为"720°"，同时单击属性前的关键帧按钮，设置关键帧，如图 3-82 所示。

图 3-81　第 80 帧设置"旋转"关键帧

图 3-82　第 110 帧设置"旋转"关键帧

> 提示：旋转属性中的 H（Heading）代表航向，对应 Y 轴旋转；P（Pitch）代表倾斜，对应 X 轴旋转；B（Bank）代表转弯，对应 Z 轴旋转。

21 在第 120 帧的位置设置 H 旋转参数为"720°"，同时单击属性前的关键帧按钮，设置关键帧，如图 3-83 所示。设置"旋转"关键帧后，模型会产生一种由大到小旋转缩放的效果，如图 3-84 所示。

图 3-83　第 120 帧设置旋转关键帧

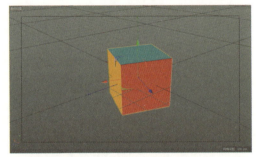

图 3-84　旋转缩放的效果

22 在操作界面右上角，将当前工作界面切换为"Animate（动画）"，如图 3-85 所示。

23 进入 Animate 界面后，在时间轴面板单击"函数曲线模式"按钮，打开函数曲线面板，然后选择立方体下的"旋转 .H"选项，显示对应的曲线，如图 3-86 所示。

图 3-85　切换 Animate 界面

图 3-86　选择旋转 .H 对应的曲线

24 分别单击曲线两端的点，按住组合键 <Ctrl+Shift> 的同时，将点向内侧拖动，使曲线呈现缓入缓出的平滑状态，如图 3-87 所示。

25 返回"启动"界面，在工具栏中单击"编辑渲染设置"按钮，在弹出的"渲染设置"对话框中，将"效果"设置为"次帧运动模糊"，取消勾选"抗锯齿限制"选项，如图 3-88 所示。

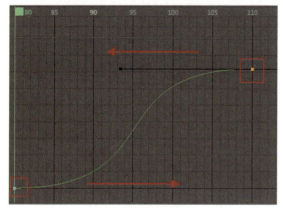

图 3-87 调整曲线

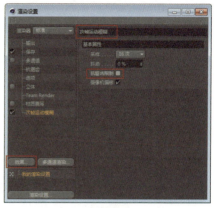

图 3-88 "渲染设置"对话框

26 继续在"渲染设置"对话框中，选择"抗锯齿"选项，并在右侧面板中设置"抗锯齿"属性为"最佳"，如图 3-89 所示。

27 在"渲染设置"对话框中，选择"输出"选项，并在右侧面板中设置输出大小为 500 像素 ×500 像素，设置"分辨率"为"150"，设置"帧范围"为"全部帧"，如图 3-90 所示。

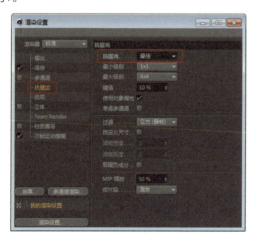

图 3-89 设置"抗锯齿"属性为"最佳"

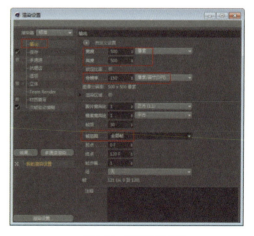

图 3-90 设置输出参数

28 选择"保存"选项，单击"文件"属性后的按钮，在弹出的对话框中设置输出文件的存储位置及名称，并单击"保存"按钮，最后设置输出格式为"QuickTime 影片"，如图 3-91 所示。

29 完成上述设置后，关闭"渲染设置"对话框。在工具栏单击"渲染到图片查看器"按钮，在弹出的图片查看器中等待输出完成，如图 3-92 所示。

图 3-91 设置保存参数

图 3-92 图片查看器

30 至此，在 Cinema 4D 软件中制作的扁平化小方块动效就全部完成了，可以将输出的 QuickTime 影片文件导入 PS 软件输出成 GIF，最终效果如图 3-93 所示。

图 3-93 最终效果

3.4 本章小结

与其他 3D 软件一样（如 Maya、Softimage XSI、3ds Max 等），Cinema 4D 具备高端 3D 动画软件的所有功能。不同的是，在研发过程中，Cinema 4D 的工程师更加注重工作流程的流畅性、舒适性、合理性、易用性和高效性。现在，无论用户是拍摄电影、电视包装、游戏开发、医学成像、工业设计、建筑设计、视频设计或印刷设计，Cinema 4D 都以其丰富的工具包，为广大用户带来比其他 3D 软件更多的帮助和更高的效率。因此，使用 Cinema 4D 会让设计师在创作设计时非常轻松，使用起来得心应手，从而有更多的精力置于创作之中，即使是初学者，也会觉得 Cinema 4D 软件非常容易上手。

Cinema 4D 作为一款综合型的高级三维绘图软件，其快速的渲染速度以及强大的渲染表现力，已经受到了越来越多影视、动画设计师们的青睐。在进行了前期的剧本创作和分镜设计之后，就可以直接使用 Cinema 4D 来进行造型设计、场景设计、片段设计、贴图和渲染动画了。

第 4 章
通过 PS 和 AI 制作动画

MG 动画的制作软件非常多，主流的有 After Effects、Cinema 4D，在前面的章节中已经介绍过。除此之外，Photoshop（简称 PS）和 illustrator（简称 AI）这些平面设计软件也是 MG 动画制作的必备软件，通过这些软件可以绘制出所需动画的平面图形，然后导入 After Effects 或 Cinema 4D 中制成动画，这样通过彼此之间的相互协作，不仅能提高设计者的动画制作效率，还能制作出丰富多彩的视觉特效。

4.1 Photoshop CC 2018 的基础操作

Photoshop 是全球领先的数码影像编辑软件，其功能强大，应用广泛。不论是平面设计、3D 动画、数码艺术、网页制作、矢量绘图、多媒体制作还是桌面排版，Photoshop 在每个领域都发挥着重要的作用。

4.1.1 初识 Photoshop CC 2018

Photoshop 是美国 Adobe 公司旗下最为出名的集图像扫描、编辑修改、图像制作、广告创意及图像输入与输出于一体的图形图像处理软件，被誉为"图像处理大师"。它的功能十分强大并且使用方便，深受广大设计人员的喜爱。主流版本 Photoshop CC 2018 可以让用户享有更多的自由、更快的速度和更强大的功能，从而创作出令人惊叹的图像。如图 4-1 所示为 Photoshop CC 2018 启动界面。

图 4-1　Photoshop CC 2018 启动界面

> **提示**：本书将以 Adobe Photoshop CC 2018 版本为例进行讲解。

由于 Windows 系统与 Mac OS（苹果系统）的操作系统有所不同，因此安装 Photoshop CC 2018 的系统需求也不相同，具体见表 4-1。

表 4-1　Adobe 推荐的 Photoshop CC 2018 最低系统需求

Windows	Intel® Core 2 或 AMD Athlon® 64 处理器；2 GHz 或更快处理器
	Microsoft Windows 7 Service Pack 1、Windows 8.1 或 Windows 10
	2 GB RAM（推荐使用 8 GB）
	32 位安装需要 2.6 GB 可用硬盘空间；64 位安装需要 3.1 GB 可用硬盘空间；安装过程中会需要更多可用空间（无法在使用区分大小写的文件系统的卷上安装）
	1024 x 768 显示器（推荐使用 1280x800），带有 16 位颜色和 512 MB 专用 VRAM；推荐使用 2 GB
	支持 OpenGL 2.0 的系统
	必须具备 Internet 连接并完成注册，才能激活软件、验证订阅和访问在线服务

Mac OS	具有 64 位支持的多核 Intel 处理器 Mac OS 版本 10.12（Sierra）、Mac OS X 版本 10.11（El Capitan）或 Mac OS X 版本 10.10（Yosemite） 2 GB RAM（推荐使用 8 GB） 安装需要 4 GB 可用硬盘空间；安装过程中需要额外可用空间（无法在使用区分大小写的文件系统的卷上安装） 1024 x 768 显示器（推荐使用 1280x800），带有 16 位颜色和 512 MB 专用 VRAM；推荐使用 2 GB 支持 OpenGL 2.0 的系统。 必须具备 Internet 连接并完成注册，才能激活软件、验证会员资格和访问在线服务

4.1.2 Photoshop CC 2018 软件的新增特性

Photoshop CC 2018 相较之前的版本有了很大的提升，不仅优化了界面显示，还新增了许多优化视觉效果的功能。版本新增的主要功能及特性如下。

● 直观的工具提示：在 Photoshop CC 2018 版本中，将指针悬停在左侧工具栏的工具上时，会出现动态演示，可以直观地学习该工具的使用方法。

● 学习面板提供教学：Photoshop CC 2018 添加了"学习"面板，可以从摄影、修饰、合并图像、图形设计 4 个方面来学习教程。根据需要，选取合适的主题进行学习，跟着提供的操作步骤演练即可完成处理，大大方便了 Photoshop 爱好者。

● 共享文件：选择"文件"→"共享"选项，或单击工具选项栏中的 按钮，可以打开"共享"面板。新增的"共享"功能可以将图片分享到各类社交 APP，也可以从商店下载更多的应用，此外，"共享"面板会根据系统的不同而显示不同。

● 弯度钢笔工具：使用全新的"弯度钢笔"工具可以轻松地创建曲线和直线段。在绘制的图形上，无需切换工具，可直接对路径进行切换、编辑、添加或删除平滑点或角点等操作。

● 更改路径颜色：新增的"路径选项"可以更改路径的颜色和粗细，方便区分不同的路径。

● 画笔面板：全新的"画笔"面板将画笔根据不同的类型进行分类，并将分类的画笔放置在不同的文件夹内。可以对画笔进行新建、删除、载入新画笔或转换旧版工作预设等操作。

● 设置描边平滑度：全新的设置描边平滑度可以对描边执行智能平滑。在使用该工具时，设置工具选项栏中的"平滑值（0~100）"即可平滑描边。当"平滑值"为 0 时，相当于 Photoshop 早期版本中的旧版平滑；当"平滑值"为 100 时，描边的智能平滑量达到最大。

● 画笔对称：新增的"绘画对称"功能，可以使用画笔、铅笔或橡皮擦工具绘制对称图像。单击工具选项栏中的"设置绘画的对称选项" 按钮，选择对称类型，可以轻松地绘制人脸、汽车、动物等对称图像。

● 可变字体：Photoshop CC 2018 支持可变字体，这是一种新的 OpenType 字体格式，可支持直线宽度、宽度、倾斜、视觉大小等自定属性。此外，Photoshop CC 2018 自带几种可变字体，可在"属性"面板中通过滑块调整其直线宽度、宽度和倾斜，在调整这些滑块时，Photoshop 会自动选择与当前设置最为接近的文字样式。

● 编辑球面全景：新增的"球面全景"功能具有超凡的表现力，它能将普通的图像瞬间变为全景图，可以360°旋转观察全景图。

● 全面搜索：Photoshop CC 2018具有强大的搜索功能，可以在Photoshop中快速查找工具、面板、菜单、Adobe Stock资源模板、教程甚至是图库照片等。可以使用统一的对话框完成搜索，也可以分别进行"Photoshop""学习"或"Stock"的搜索。

4.1.3 Photoshop CC 2018 界面详解

首次启动Photoshop CC 2018，显示的是标准工作界面，该工作界面中包含菜单栏、文档窗口、工具箱、工具选项栏以及面板等组件，如图4-2所示。

图4-2　Photoshop CC 2018的工作界面

1. 菜单栏

Photoshop CC 2018的菜单栏中包含11组菜单，每个菜单内都包含一系列的命令，它们有着不同的显示状态，若要掌握这些菜单命令的使用方法，可以先了解每一个菜单的特点。

（1）打开菜单

单击某一个菜单即可打开该菜单。在菜单中，不同功能的选项之间会采用分割线分开。将鼠标移至"调整"选项上，打开其子菜单，如图4-3所示。

（2）选择菜单中的命令

选择菜单中的命令即可执行此命令，如果选项后面有快捷键，也可以通过快捷键的方法来选择选项，例如，按组合键<Ctrl+O>可以打开"打开"对话框。子菜单后面带有黑色三角形标记的选项表示还包含有子菜单。如果有些选项只提供了字母，可以按组合键<Alt+主菜单的字母+命令后面的字母>，选择该命令。例如，按下组合键<Alt+I+D>可选择"图像"→"复制"选项，如图4-4所示。

（3）打开快捷菜单

在文档窗口的空白处、在一个对象上或者在面板上右击，可以显示快捷菜单，如图4-5所示。

图 4-3　显示子菜单

图 4-4　复制图像

图 4-5　显示快捷菜单

2. 文档窗口

文档窗口是显示和编辑图像的区域。当在 Phtotshop 中打开一个图像时，会自动创建一个文档窗口。如果打开了两个以上的图像，则各个文档窗口会以选项卡的形式显示，如图 4-6 所示。如果单击某一个文档的名称，即可将其设置为当前操作的窗口，如图 4-7 所示。按组合键 <Ctrl+Tab>，可以按照前后顺序来切换窗口，按组合键 <Ctrl+Shift+Tab>，可以按照反顺序来切换窗口。

图 4-6　打开图像

图 4-7　选择文件

单击任意一个窗口的标题栏，将其从选项卡中拖出，则可以成为任意移动位置的浮动窗口（拖动标题栏可进行移动），如图 4-8 所示；拖动浮动窗口的一个边角，可以调整窗口的大小，如图 4-9 所示。将一个浮动窗口的标题栏拖动到选项卡中，当出现蓝色横线时放开鼠标，该窗口就会停放在选项卡中。

图 4-8　浮动窗口

图 4-9　更改窗口的大小

如果打开的图像数量过多，选项卡不能显示所有文档，可以单击它右侧的双箭头 >> 按钮，在打开的下拉菜单中选择需要的文档，如图 4-10 所示。

在选项卡中水平拖动任意一个文档名称，可以调整它们的排列顺序，如图4-11所示。

图4-10 显示所有文档

图4-11 调整文档顺序

如果想要关闭一个文档，单击该窗口右上角的 × 按钮，即可关闭该文档，如图4-12所示。如果想要关闭所有文档，可以在一个文档的标题栏上右击，在打开的快捷菜单栏中选择"关闭全部"选项，如图4-13所示。

图4-12 关闭文档

图4-13 关闭所有文档

3. 了解工具箱

工具箱是Photoshop处理图像的"兵器库"，工具箱包含了用于选择、绘图、编辑、文字等几十种工具，如图4-14所示。这些工具分为几大组，如图4-15所示。Photoshop CC 2018工具箱有单列和双列两种显示模式，单击工具箱顶部的双箭头 ⏴⏴ 按钮，可以将工具箱切换为单列（或双列）显示。当使用单列显示模式时，可以有效地节省屏幕空间，使图像的显示区域更大，方便用户的操作。

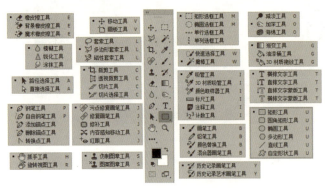

图4-14 显示工具箱

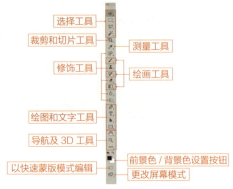

图4-15 工具箱

在默认的情况下，工具箱停放在窗口的左侧。将指针放在工具箱顶部双箭头 按钮的右侧，按住鼠标左键并向右侧拖动，可以将工具箱从停放处拖出来，放在窗口的任意位置，如图4-16所示。

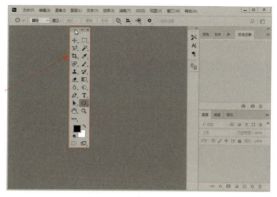

图4-16　移动工具箱

要使用某一个工具时，直接单击工具箱中的该工具按钮即可。通过工具按钮图标可以快速识别工具种类，如图4-17所示。选择工具箱中的某个工具，如果该工具右下角带有三角形图标（如 ），则表示这是一个工具组，在这样的工具上按住鼠标左键，可以显示（或隐藏）工具，如图4-18所示；将指针移动到隐藏的工具上，然后放开鼠标，即可选择该工作组上的任意一个工具，如图4-19所示。此外，用户也可以使用快捷键来快速选择所需的工具，如"移动工具" 的快捷键为<V>，按<V>键可选择移动工具；按<Shift+工具组快捷键>，可以在工具组各工具之间快速切换，例如，按组合键<Shift+G>，可以在"油漆桶工具" 和"渐变工具" 之间切换。

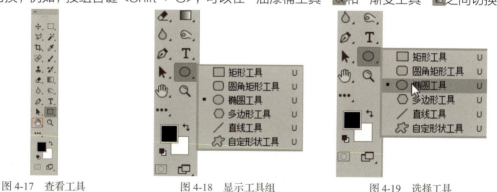

图4-17　查看工具　　　　图4-18　显示工具组　　　　图4-19　选择工具

4. 工具选项栏

（1）使用工具选项栏

工具选项栏主要用来设置工具的参数，通过设置适当的参数，不仅可以有效增加工具在使用中的灵活性，还能够提高工作效率。不同的工具，其工具选项栏也有着很大的差异，如图4-20所示为选择"画笔工具" 时选项栏显示的参数。工具选项中的设置有些是通用的，有些是某工具专有的，比如"模式"和"不透明度"对于许多工具都是通用的，"铅笔工具"的"自动涂抹"选项是专有的。图4-21所示为选择"裁剪工具" 时选项栏显示的参数。

图4-20　画笔工具选项栏

图4-21 裁剪工具选项栏

- **文本框**：在文本框中单击，呈蓝色编辑状态，输入数值并按<Enter>键确定调整，如果文本框右侧有 按钮，单击此按钮，可以显示一个滑块，拖动滑块也可以更改数值，如图4-22所示。
- **菜单箭头** ：单击该按钮，可打开一个下拉菜单，如图4-23所示。
- **复选框** ：单击该按钮，可以勾选此复选框，再次单击，则去除复选框的勾选。
- **滑块**：在包含文本框的选项中，将指针放在选项名称上，指针发生变化如图4-24所示，单击并向左右拖动鼠标，可更改数值。

图4-22 改变文本框数值　　　　图4-23 菜单箭头　　　　图4-24 拖动滑块

（2）隐藏/显示工具选项栏

如果想要隐藏或显示某个工具选项栏，选择菜单栏上的"窗口"菜单，在下拉的菜单上勾选工具选项栏则显示工具选项栏，再次单击则隐藏工具选项栏。

（3）移动工具选项栏

单击并拖动工具选项栏最左侧的 图标，可以将它从停放中拖出，成为浮动的工具选项栏，如图4-25所示；将其拖回菜单栏下，当出现蓝色条时放开鼠标，则可重新停放到原处。

（4）创建和使用工具预设

在工具选项栏中，单击工具按钮右侧的 按钮，可以打开下拉面板，面板中包含了各种工具预设，例如，单击"修复画笔工具" 时，选择如图4-26所示的工具预设，可以选择不同的修复画笔类型。

图4-25 拖动工具选项栏　　　　　　　　图4-26 工具预设

- **新建工具预设**：如果要新建一个工具预设，在工具箱选择某个工具，然后在工具选项栏中选择工具，单击工具预设下拉面板中的 按钮，如图4-27所示，相当于创建了一个工具预设。
- **仅限当前工具**：勾选"仅限当前工具"的复选框时，只显示工具箱中所选工具的预设，如图4-28所示；取消勾选"仅限当前工具"的复选框时，会显示全部工具预设，如图4-29所示。

 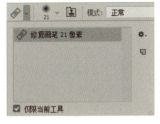 

图 4-27　创建工具预设　　　图 4-28　显示所选工具预设　　　图 4-29　显示全部工具预设

● 重命名和删除工具预设：在任意一个工具预设上单击鼠标右键，在打开的菜单中可以选择重命名或者删除该工具预设，如图 4-30 所示。

● 复位工具预设：当选择一个工具预设后，每次选择该工具时，都会应用这一预设。如果要清除预设，可以单击面板右上角的 按钮，在打开的菜单上选择"复位工具"选项，如图 4-31 所示。

● 搜索栏：搜索栏能够搜索程序内的各项操作命令及功能，也可在 Adobe.com 中搜索帮助和学习教程，还能搜索 Adobe Stock 中的免版税、高质量的照片、插图和图形。在 Photoshop CC 2018 中还可搜索 Lightroom 中的照片，如图 4-32 所示。

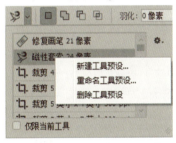  

图 4-30　重命名或删除工具预设　　　图 4-31　复位工具　　　图 4-32　搜索栏

5. 了解面板

面板是 Photoshop 的重要组成部分，Photoshop 中的很多设置都需要在面板中完成。Photoshop 中包括 20 多个面板，在"窗口"菜单中可以选择需要的面板将其打开。面板用来设置颜色、工具参数，以及选择编辑命令。

（1）选择面板

单击任意一个面板的名称即可将该面板设置为当前面板，如图 4-33、图 4-34 所示。

图 4-33　显示图层面板　　　　　　　图 4-34　显示通道面板

（2）折叠/展开面板

单击导航面板组右上角的 >> 按钮，可以将面板折叠回面板组，如图 4-35 所示；拖动面板左边界，可以调整面板组的宽度，让面板的名称全部显示出来，如图 4-36 所示。

图 4-35 折叠面板　　　　　　　　　　图 4-36 调整面板组的宽度

（3）组合面板

将鼠标放置在某个面板上，按住鼠标左键不放并拖动鼠标，将面板拖出来，即可将面板设置成浮动面板，如图 4-37 所示。将指针放置在浮动的面板上，按住鼠标左键不放将其拖动到另一个面板的标题栏上，出现蓝色框时放开鼠标，即可将它与其他面板进行组合，如图 4-38 所示。

（4）链接面板

将指针放置在面板的标题栏上，按住鼠标左键不放将其拖到另一个面板的下方，当出现蓝色框时放开鼠标，即可将两个面板进行链接，链接的面板可同时移动或折叠为图标，如图 4-39 所示。

图 4-37 浮动面板　　　　图 4-38 组合面板　　　　图 4-39 链接面板

> **提示**　过多的面板会占用工作空间。通过组合面板的方法将多个面板合并为一个面板组，或者将一个浮动面板合并到面板组上，可以提供更多的操作空间。

（5）调整面板大小

拖动面板的右下角，可同时调整面板的高度与宽度，如图 4-40 所示。

（6）打开面板菜单

单击面板右上角的 ≡ 按钮，可以打开面板菜单，菜单中包含了与当前面板有关的各种命令，如图 4-41 所示。

（7）关闭面板

在一个面板的标题栏上右击，可以显示一个快捷菜单，如图 4-42 所示。选择"关闭"选项，可以关闭该面板；选择"关闭选项卡组"选项，可以关闭该面板组。对于浮动面板，单击其左上角的 × 按钮，即可关闭浮动面板。

图 4-40　调整面板大小

图 4-41　打开面板菜单

图 4-42　关闭面板

4.2 Photoshop 导出 GIF 动态图

视频位置：视频 \ 第 4 章 \4.2 导出 GIF 动态图 .mp4　　源文件位置：源文件 \ 第 4 章 \4.2

很多 MG 动画其实并不是以视频的形式出现的，而是以小型的动画，类似于动态插画的效果存在于各种评论文章中，如公众号、网页推文等。因此使用 After Effects 或者 Cinema 4D 完成动画的制作后，可以导入 Photoshop 中进行编辑，最终导出 GIF 格式的动态图，即可得到小巧精致的动画插图。

01 启动 After Effects CC 2018 软件，进入其操作界面。执行"文件"→"打开项目"菜单命令，在弹出的"打开"对话框中选择工程文件"雪花 .aep"，单击"打开"按钮，如图 4-43 所示。

02 进入项目文件后，执行"文件"→"导出"→"添加到渲染队列"菜单命令（组合键 <Ctrl+M>），进入"渲染队列"面板，接着在该面板中单击"输出模块"后的"无损"，如图 4-44 所示。

图 4-43　打开项目文件

图 4-44　"渲染队列"面板

03 在弹出的"输出模块设置"对话框中，打开"格式"选项的下拉菜单，在下拉菜单中选择""PNG"序列"选项，设置完成后单击"确定"按钮，如图 4-45 所示。

04 继续在"渲染队列"面板中单击"输出到"选项后的蓝色文字，在弹出的"将影片输出到"对话框中，设置 PNG 序列的存储位置及名称，设置完成后单击"保存"按钮，如图 4-46 所示。

图 4-45 打开项目文件

图 4-46 设置输出保存位置

05 上述操作完成后，单击"渲染队列"面板右上角的"渲染"按钮，如图 4-47 所示。等待输出完成，即可关闭 After Effects 软件。

06 打开存储路径文件夹，可以看到导出的单帧 PNG 序列图文件，如图 4-48 所示。

图 4-47 单击"渲染"按钮

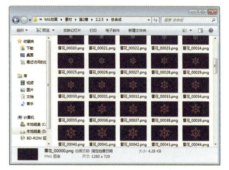

图 4-48 输出的 PNG 序列图

07 启动 Adobe Photoshop CC 2018 软件，在操作界面执行"文件"→"脚本"→"将文件载入堆栈"菜单命令，如图 4-49 所示。

08 在弹出的"载入图层"对话框中打开"使用"选项的下拉菜单，选择"文件夹"选项，然后单击"浏览"按钮，如图 4-50 所示。

图 4-49 执行菜单命令

图 4-50 "载入图层"对话框

09 在弹出的对话框中找到保存 PNG 序列的文件夹，然后单击"确定"按钮，如图 4-51 所示。

10 待文件夹中的 PNG 序列全部载入完成后，单击"确定"按钮，如图 4-52 所示。

第 4 章 通过 PS 和 AI 制作动画

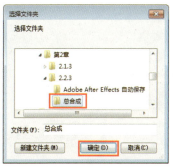

图 4-51 选择文件夹

图 4-52 载入完成后单击"确定"按钮

11 执行"窗口"→"时间轴"菜单命令,打开时间轴面板,在该面板中单击"创建帧动画"按钮,如图 4-53 所示。

12 单击时间轴面板右上角的■按钮,在弹出的快捷菜单中选择"从图层建立帧"选项,如图 4-54 所示。

图 4-53 创建帧动画

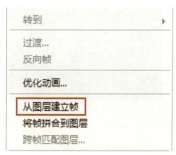

图 4-54 从图层建立帧

13 继续单击时间轴面板右上角的■按钮,在弹出的快捷菜单中选择"选择全部帧"选项,如图 4-55 所示,使时间轴面板的序列被同时选中。

14 由于此时的帧动画是反向播放的,因此还需单击时间轴面板右上角的■按钮,在弹出的快捷菜单中选择"反向帧"选项,改变播放顺序,如图 4-56 所示。

图 4-55 选择全部帧

图 4-56 反向帧

15 上述操作完成后,帧动画就创建完成了。执行"文件"→"导出"→"存储为 Web 所用格式(旧版)"菜单命令(组合键 <Alt+Shift+Ctrl+S>),如图 4-57 所示。

16 在弹出的对话框中设置预设为 GIF,同时将动画属性中的"循环选项"设置为"永远",单击面板下方的"存储"按钮,在弹出的对话框中设置保存位置及名称,设置完成后,单击"保存"按钮即可输出 GIF,如图 4-58 所示。

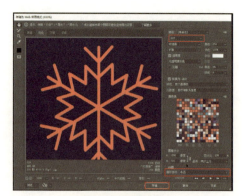

图 4-57 菜单命令　　　　　图 4-58 参数设置

17 至此，利用 Photoshop 软件导出 GIF 的具体操作就完成了，打开存储路径可以进行 GIF 预览，效果如图 4-59 所示。

图 4-59 效果预览

> **提示**　用户还可以选择从 After Effects 软件中导出 AVI 视频文件，再将 AVI 视频文件导入 Photoshop 软件中直接执行"文件"→"导出"→"存储为 Web 所用格式（旧版）"菜单命令，该方法可以为用户省去创建帧动画这一繁琐步骤。

4.3 Illustrator CC 2018 的基础操作

计算机中的图形和图像是以数字的方式记录、处理和存储的，按照类型可分为位图图像和矢量图形。Illustrator 作为一款典型的矢量图形文件，在 MG 动画的制作中，可用于处理位图，创建丰富多彩的矢量图形。

4.3.1 初识 Illustrator CC 2018

Adobe Illustrator，简称 AI。该软件是美国 Adobe 公司于 1987 年推出的一款基于矢量的图形制作软件，具有即时色彩、控制面板、图形编辑、分离模式和 Flash 符号等功能。

Illustrator 软件被广泛应用于印刷出版、专业插画、多媒体图像处理和互联网页面的制作等，可以为线稿提供较高的精度和控制，适合于任何小型设计，甚至是大型的复杂项目。该软件内置专业的图形设计工具，提供了丰富的像素描绘功能以及顺畅灵活的矢量图编辑功能。如图 4-60 所示为 Illustrator CC 2018 启动界面。

图 4-60　Illustrator CC 2018 启动界面

> **提示**　4.1 节介绍的 Photoshop 是一款位图图形编辑软件，而本节介绍的 AI 为矢量图图形编辑软件。位图图像由像素组成，每个像素都会被分配一个特定的位置和颜色值，即位图包含了固定数量的像素。缩放位图尺寸会使原图变形，因为这是通过减少像素来使整个图像变小或变大的。因此，如果在屏幕上以高缩放比率对位图进行缩放或低于创建时的分辨率来打印位图，则会丢失其中的细节，并且会出现锯齿现象，如图 4-61 所示。

原图　　　　　　　　　放大 3 倍　　　　　　　　　放大 9 倍

图 4-61　位图放大效果预览

矢量图（也称为矢量图形或矢量对象）是由称作矢量的数学对象定义的直线和曲线构成的，最基本的单位是锚点和路径。矢量图的最大优点是任意旋转和缩放不会影响图形的清晰度和线条的光滑性，如图 4-62 所示，并且占用的存储空间也很小。对于在各种输出媒体中按照不同大小使用的图稿，如 MG 动画，矢量图形是最佳的选择。

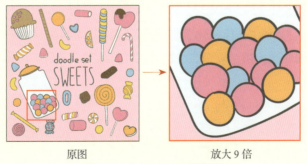

原图　　　　　　　　　放大 9 倍

图 4-62　矢量图放大效果预览

提示：本书将以 Adobe Illustrator CC 2018 版本为例进行讲解。

和前文介绍的 Photoshop CC 2018 一样，Illustrator CC 2018 同样可以在 Windows 系统和 Mac OS 系统（苹果系统）上运行，由于这两种操作系统存在差异，因此 Illustrator CC 2018 的安装需求也有所不同，具体见表 4-2。

表 4-2　Adobe 推荐的 Illustrator CC 2018 最低系统需求

Windows	Intel® Core 2 或 AMD Athlon® 64 处理器；2 GHz 或更快处理器 Microsoft Windows 7 Service Pack 1、Windows 8.1 或 Windows 10 2 GB RAM（推荐使用 8 GB） 32 位需要 1GB 可用硬盘空间（推荐 3GB）；64 位需要 2GB 可用硬盘空间（推荐 8GB）；安装过程中需要额外的可用空间（不能在可移动闪存设备上安装） 1024 x 768 显示器（推荐使用 1280x800），要以 HiDPI 模式查看 Illustrator，显示器必须支持 1920×1080 或更高的分辨率 支持 OpenGL4.0 的系统 必须具备 Internet 连接并完成注册，才能激活软件、验证订阅和访问在线服务
Mac OS	具有 64 位支持的多核 Intel 处理器 MAC OS 版本 10.12 (Sierra)、Mac OS X 版本 10.11 (El Capitan) 或 Mac OS X 版本 10.10 (Yosemite) 2 GB RAM（推荐使用 8 GB） 安装需要 2GB 可用硬盘空间；安装过程中需要额外可用空间（无法在使用区分大小写的文件系统的卷上安装） 1024 x 768 显示器（推荐使用 1280x800），带有 16 位颜色和 512 MB 专用 VRAM；推荐使用 2 GB 支持 OpenGL4.0 的系统 必须具备 Internet 连接并完成注册，才能激活软件、验证会员资格和访问在线服务

4.3.2　Illustrator CC 2018 软件的新增特性

　　Illustrator CC 2018 进一步优化了用户界面，减少了完成任务所需要的步骤，而且加强了系统性能，可以提高处理大型、复杂文件的速度和稳定性，给用户提供了更加快速、流畅的创作体验。

　　● 属性面板：新的智能"属性"面板仅会在用户需要时显示所需控件，通过在一个位置访问所有控件来提高工作效率。

　　● 操控变形：在新版本中，Illustrator 允许用户自行控制锚点、手柄和定界框的大小。在使用高分辨率显示屏工作或创建复杂图稿时，可以增加它们的大小，使其更清晰，更易控制。使用"操控变形"工具，无需调整各路径或各个锚点，即可快速创建或修改某个图形，如图 4-63 所示。

图 4-63　控制锚点

● 更多画板：使用 Illustrator 可以在画布上创建多达 1000 个画板，故而用户可以在一个文档中处理更多的内容。

● 风格组合：可以将预定义的备选字形应用于整个文本块，而无需逐一选择和更改每个字形。

● 更轻松地整理画板：可一次选择多个面板，还可将多个面板自动对齐并进行整理。

● SVG 彩色字体：Illustrator 支持 SVG Open Type 字体，用户可以使用包含了多种颜色、渐变效果和透明度的字体进行设计。

● 可变字体：Illustrator 支持 Open Type 可变字体，因此用户可以通过修改字体的粗细、宽度和其他属性，创建自己所需的图层样式，同时确保字体仍然忠于原始设计。

4.3.3　Illustrator CC 2018 界面详解

Illustrator 软件的工作界面典雅而实用，工具的选取、面板的访问以及工作区的切换等都十分方便。不仅如此，用户还可以自定义工作面板，调整工作界面的亮度。诸多设计的不断改进，为用户提供了更加流畅和高效的编辑体验。

启动 Adobe Illustrator CC 2018 软件，执行"文件"→"打开"菜单命令，打开 AI 图形文件。进入操作界面后，可以看到 Illustrator CC 2018 的工作界面是由标题栏、菜单栏、控制面板、工具面板、绘画区、面板堆栈和图层面板等组成，如图 4-64 所示。

图 4-64　Adobe Illustrator CC 2018 的工作界面

Illustrator CC 2018 的工作界面具体介绍如下。
- 标题栏：显示当前文档的名称、视图比例和颜色模式等信息。
- 菜单栏：菜单栏用于组织菜单内的命令。Illustrator 有 9 个主菜单，每个菜单中都包含了不同类型的命令。
- 控制面板：显示与当前所选工具有关的选项，会随着所选工具的不同而改变选项。
- 工具面板：包含用于创建和编辑图像、图稿和页面元素的工具。
- 绘画区：编辑和显示图稿的区域。
- 面板堆栈：用于配合编辑图稿、设置工具参数和选项。很多面板都有选项卡，包含特定于该面板的选项。面板可以编组、堆叠和停放。
- 图层面板：在该面板中显示了当前项目的所有图层。

4.4 绘制超萌小兔子图标动效

视频位置：视频\第 4 章\4.4 绘制超萌小兔子图标动效.mp4　　源文件位置：源文件\第 4 章\4.4

01 启动 Adobe Illustrator CC 2018 软件，进入其操作界面。执行"文件"→"新建"菜单命令（组合键 <Ctrl+N>），在弹出的对话框中创建一个大小为 800px×600px 的图形文件，具体设置如图 4-65 所示。

02 进入操作界面后，按组合键 <Shift+Ctrl+D> 隐藏透明度网格，使绘画区呈现白色，方便之后的图形绘制，如图 4-66 所示。

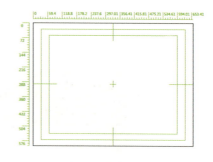

图 4-65　创建项目　　　　　　　　　　图 4-66　隐藏透明度网格

03 在工具栏选择"椭圆工具"，在绘画区绘制一个正圆形，接着单击该圆形，进入其"属性"面板，设置大小为 300px×300px，设置描边为"8pt"，其中"填色"为蓝色（#78BBE6），"描边"为深蓝色（#1B435D），如图 4-67 所示。将圆形移动到中心位置，并修改对应的图层名称为"背景"，效果如图 4-68 所示。

04 在图层面板中单击 按钮，新建一个图层放置于"背景"图层下方，并修改其名称为"彩条"，如图 4-69 所示。接着选择"彩条"图层，用"矩形工具" 绘制红（#FF726A）、黄（#FFD417）、蓝（#00EDFF）3 个不同颜色的长条矩形，放置在"背景"图层后，效果如图 4-70 所示。

第 4 章 通过 PS 和 AI 制作动画

图 4-67 属性面板

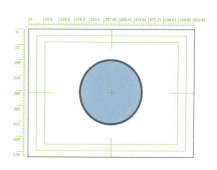

图 4-68 "背景"预览效果

图 4-69 新建"彩条"图层

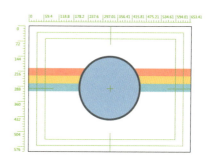

图 4-70 "彩条"预览效果

> **提示**　在创建彩条背景时，绘制好第 1 个长条矩形后，按组合键 <Ctrl+C> 进行复制，再在该图层，按组合键 <Ctrl+F> 粘贴到当前位置，并通过键盘上的 <↑>、<↓>、<←>、<→> 键微调位置，之后在"属性"面板中修改颜色即可。

05 在图层面板中单击 按钮，新建一个图层放置于"背景"图层上方，并修改其名称为"路径"，然后在工具栏选择"椭圆工具" ，在绘画区绘制一个与"背景"图层中的圆形同等大小、无填充、无描边的正圆形，如图 4-71 所示。

06 创建一个新图层，将其放置在"路径"图层上方，并修改其名称为"边线"，然后使用"钢笔工具" ，在绘画区以"路径"图层中的圆形为参照，在其中绘制几条曲线（曲线描边为"6pt"，无填充，描边颜色代码为 #1B435D），如图 4-72 所示。

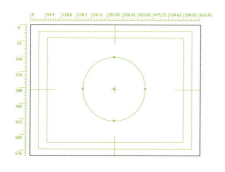

图 4-71 正圆形路径

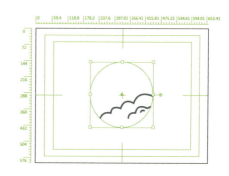

图 4-72 绘制蓝色边线

> **提示**　为了方便观察和操作，可以先将图层面板中的"背景"和"彩条"图层暂时隐藏。

07 再次创建一个图层,将其放置在"路径"图层下方,并修改其名称为"蓝色云",然后使用"椭圆工具" ◯ ,在绘画区绘制几个浅蓝色(#4CF4FC)正圆形堆砌成云朵,效果如图 4-73 所示。

08 将"边线"图层暂时隐藏,接着在绘画区框选"路径"及"蓝色云"图层,执行"对象"→"剪切蒙版"→"建立"菜单命令(组合键 <Ctrl+7>),将"路径"之外的多余部分裁掉,效果如图 4-74 所示。

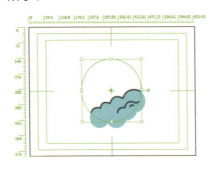

图 4-73　绘制云

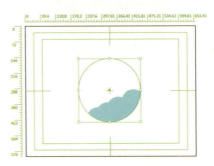

图 4-74　裁切多余部分

09 在图层面板中选择如图 4-75 所示的 3 个图层,然后单击面板右上角的 ≡ 按钮,在弹出的快捷菜单中选择"合并所选图层"选项,使图层合并在一起,如图 4-76 所示。

图 4-75　选择图层

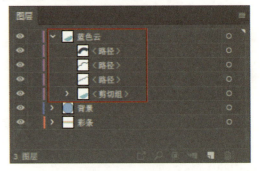

图 4-76　合并图层

10 接着,以"背景"图层为参照,在其中分层绘制天空、月亮和星星,图层摆放顺序如图 4-77 所示。绘制完成后的效果如图 4-78 所示。

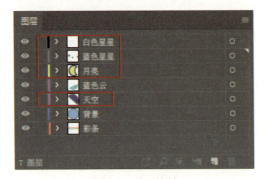

图 4-77　分层绘制

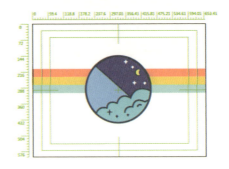

图 4-78　完成后的效果

11 在"蓝色云"图层上方,新建一个图层命名为"白色云",然后在其中绘制阴影及描边,如图 4-79 所示。绘制完成后效果如图 4-80 所示。

第 4 章 通过 PS 和 AI 制作动画

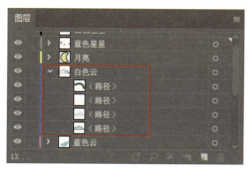

图 4-79 "白色云"图层

图 4-80 "白色云"预览效果

12 继续新建图层,命名为"兔子",然后在绘画区分部件绘制一只兔子,图层摆放顺序如图 4-81 所示。绘制完成后效果如图 4-82 所示。

图 4-81 "兔子"图层

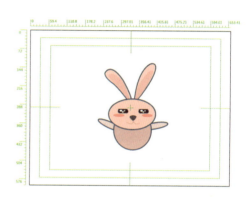

图 4-82 "兔子"预览效果

13 选择"兔子"图层,将整体缩小移动至"背景"图层左上角,效果如图 4-83 所示。

14 将"兔子"图层暂时隐藏,在其上方新建"太空舱"图层,绘制效果如图 4-84 所示。

图 4-83 摆放至左上角

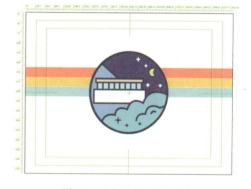

图 4-84 "太空舱"预览效果

15 在"太空舱"图层上方分别新建"门右边"和"门左边"图层,如图 4-85 所示。对应的绘制效果如图 4-86 所示。

16 将"门左边"图层进行复制粘贴,并将复制出的新图层命名为"左门背景",摆放至"兔子"图层下方,并修改颜色为蓝色(#4467A5),如图 4-87 所示。在绘画区的预览效果如图 4-88 所示。

89

图 4-85 新建"门左边"和"门右边"图层

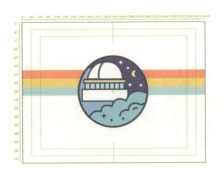

图 4-86 "门左边"和"门右边"预览效果

图 4-87 复制出的"左门背景"图层

图 4-88 "左门背景"预览效果

> **提示**　要将图形复制到新图层，单击右上角 ≡ 按钮，取消勾选"粘贴时记住图层"命令。复制的组合键为 <Ctrl+C>，粘贴至原位置的组合键为 <Ctrl+F>。

17 至此，在 Illustrator 中素材的绘制就已全部完成了，恢复所有的图层显示，将"门左边"图层的描边取消，图层的摆放顺序如图 4-89 所示。在绘画区的最终预览效果如图 4-90 所示。

图 4-89 图层的摆放顺序

图 4-90 最终预览效果

18 保存上述 AI 文件，并关闭 Adobe Illustrator CC 2018 软件。然后启动 After Effects CC 2018 软件，进入其操作界面。执行"文件"→"导入"→"文件"菜单命令，在弹出的"导入文件"对话框中选择上述制作完成的 AI 矢量文件"兔子素材 .ai"，单击"导入"按钮，如图 4-91 所示。

19 在弹出的对话框中设置"导入种类"为"合成"选项，设置"素材尺寸"为"图层大小"选项，然后单击"确定"按钮，如图 4-92 所示。

第 **4** 章　通过 PS 和 AI 制作动画

图 4-91　导入素材

图 4-92　导入合成

20 导入 AI 文件后，会自动生成一个相同名称的合成，在项目面板双击"兔子素材"合成，打开其图层面板，接着在工具栏中选择"矩形工具"，在合成窗口绘制一个白色无描边的正方形（大小为 80px×80px，位置为"399.0，294.0"），使其能遮住"门左边"图层，如图 4-93 所示。

21 将上述生成的形状图层拖到"门左边"图层下方，修改其名称为"遮罩"，然后将其 TrkMat 设置为"Alpha 遮罩'门左边'"选项，如图 4-94 所示。

图 4-93　绘制一个正方形

图 4-94　设置遮罩

22 在图层面板中选择"遮罩"图层，按快捷键 <P> 展开其"位置"属性，在第 0 帧单击"位置"属性前的"关键帧记录器"按钮，设置关键帧动画，并修改"位置"参数为"399.0，294.0"。接着在 14 帧修改"位置"参数为"399.0，357.0"，并将菱形关键帧转化为缓动关键帧，如图 4-95 所示。设置关键帧动画后，左边白色的门将会生成推拉动画效果，如图 4-96 所示。

图 4-95　为"遮罩"图层设置关键帧

图 4-96　推拉动画效果

> **提示** 在设置"遮罩"图层的TrkMat属性前,可以稍微调整"门左边"图层对应图形的大小及位置,使其不超出描边,以免设置遮罩后,影响整体的美观程度。调整数值仅供参考,以实际操作为准。

23 选择"白色云"图层,按快捷键<P>展开其"位置"属性,在第0帧单击"位置"属性前的"关键帧记录器"按钮,设置关键帧动画,并修改"位置"参数为"234.0,303.5"。接着在第25帧修改"位置"参数为"290.0,303.5",并将菱形关键帧转化为缓动关键帧,如图4-97所示。

24 复制上述操作中的两个缓动关键帧,分别在第50帧和第100帧处按组合键<Ctrl+V>进行关键帧的粘贴,如图4-98所示。

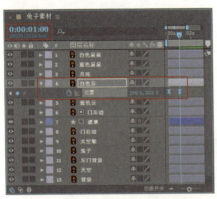
图4-97 为"白云"图层设置关键帧

图4-98 在不同时间点粘贴关键帧

25 在图层面板中选择"兔子"图层,按快捷键<P>展开"位置"属性,在第34帧单击"位置"属性前的"关键帧记录器"按钮,设置关键帧动画,并修改"位置"参数为"408.0,283.5"。接着在第52帧设置"位置"参数为"313.0,192.5",在第102帧设置"位置"参数为"313.0,192.5",在第119帧设置"位置"参数为"408.0,283.5",并按快捷键<F9>将关键帧转化为缓动关键帧,如图4-99所示。

26 选择"兔子"图层,为其执行"图层"→"从矢量图层创建形状"菜单命令,选择命令生成的轮廓图层,展开兔子左边的组,在第59帧为"旋转"参数设置关键帧,此时"旋转"参数为"0×+0.0°"。接着在第79帧修改"旋转"参数为"0×+18.0°",在第89帧修改"旋转"参数为"0×+0.0°",然后将关键帧转化为缓动关键帧,如图4-100所示。

图4-99 设置关键帧

图4-100 为轮廓图层设置关键帧

> **提示** 上述操作中的"兔子"在执行"从矢量图层创建形状"命令前已设置位置动画,在生成轮廓图层后,轮廓图层会保留之前制作的位置动画。在设置左边动画后,单击"兔子"图层前的 ◎ 按钮将其隐藏,以免两个图层交叠在一起显示,此操作不会影响动画效果。

27 在图层面板中选择"白色星星"和"蓝色星星"图层,执行"图层"→"从矢量图层创建形状"菜单命令,生成轮廓图层,如图 4-101 所示。

28 接下来,分别为星星制造闪烁动画效果,主要是通过改变对应组的"不透明度"来产生该效果。展开其中一颗星星所在的组,在第 0 帧位置为其"不透明度"属性设置关键帧,并设置"不透明度"参数为"100%",接着在第 16 帧位置修改"不透明度"参数为"0%"。将这两个关键帧转化为缓动关键帧 ▨,并复制粘贴到之后的不同时间点,如图 4-102 所示。

图 4-101　生成轮廓图层

图 4-102　设置"不透明度"关键帧

> **提示** 上述操作中"组 1"和"组 2"为同一颗星星的两个组成部分,所以在设置时,要同时设置"不透明度"关键帧。

29 接着展开另一颗星星所在的组,为了使星星产生交错闪烁的效果,为"不透明度"属性设置关键帧时,只需将第 0 帧处"不透明度"参数设置为"0%",在第 16 帧位置修改"不透明度"参数为"100%",然后将这两个关键帧转化为缓动关键帧 ▨,并复制粘贴到之后的不同时间点,如图 4-103 所示。

30 上述操作后,交错闪烁的两组关键帧就设置完成了。为其他的星星设置闪烁动画,只需将关键帧复制粘贴到对应组的"不透明度"属性上即可,最终效果如图 4-104 所示。

图 4-103　另一组关键帧

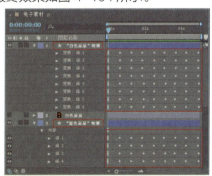

图 4-104　粘贴"不透明度"关键帧

31 按组合键 <Ctrl+N> 创建一个预设为"HDV|HDTV 720 25"的新合成,设置"持续时间"为 5s,并设置名称为"Final",如图 4-105 所示。

32 将项目面板中的"兔子素材"合成拖入"Final"合成,并调整其"缩放"参数,使其伸展铺满画面,然后按组合键 <Ctrl+Y> 创建一个与合成大小一致的白色固态层,将其作为背景摆放至底层,如图 4-106 所示。

图 4-105 合成设置

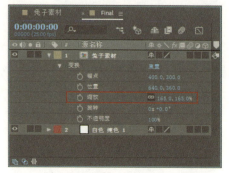

图 4-106 调整"缩放"和加入背景

33 至此,小兔子图标动效就已经制作完成了,按小键盘上的 <0> 键可以播放动画,效果如图 4-107 所示。

图 4-107 最终效果

4.5 本章小结

本章主要介绍了两款制作 MG 动画时常用的平面设计辅助软件,分别是 PS 和 AI。这两款软件的功能及界面相差不大,都可以用作 MG 动画图形的绘制。其中 PS 软件不仅可以用来处理前期的动画素材,其内置的动画功能也能帮助用户制作 MG 动画,并且还可以导出 GIF 动图,方便用户存储,查看文件。

AI 作为一款专业的矢量图形制作软件,可以用来绘制 MG 动画所需的前期素材,再导入 AE 中添加所需的动态效果。掌握该款软件的具体使用方法,可以帮助用户快速打造出动态流畅的 3D 图形动画。

制作 MG 动画并不局限于使用某一款软件,本节所述的两款软件兼容性强,可以互相导入使用,只要灵活地掌握了这些软件的具体使用方法,同时发挥想象,相信读者朋友们可以高效地打造出更多优秀的 MG 动画作品。

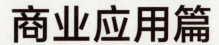

第 5 章
MG 风格开场动画

随着 MG 动画的风靡，其应用领域也越来越广泛。之前提到了，After Effects 软件是制作 MG 动画的重要工具。本章，将带领大家利用 After Effects 软件制作 MG 风格的开场动画。从而掌握 MG 动画的技术方法，并学会运用相关的工具。

5.1 动画分析

本案例将利用 After Effects 的形状图层制作开场动画。使用形状图层一是因为它是矢量艺术线条，被无限放大也不会失真；二是矢量图层可以保持项目文件的最小化，使项目运行起来比较流畅。

本实例所创建的动画由 4 个部分组成。

- 第 1 部分：时间为 1s，即圆环动画，所有圆环由小至大依次出现，最后消失，圆环消失后，观众的视觉停留在圆环中心，如图 5-1 所示。

图 5-1 第 1 部分效果

- 第 2 部分：时间大概为 1.5s，圆环动画消失后，狮子动画出现在屏幕中心，如图 5-2 所示。

图 5-2 第 2 部分效果

- 第 3 部分：时间大概为 0.5s，狮子动画消失后，线条动画随即出现，线条动画是一个过渡动画，目的是引出后面第 4 部分的文字动画，如图 5-3 所示。

图 5-3 第 3 部分效果

- 第 4 部分：时间大概为 1s，文字动画伴随着线条动画出现，点明主题，开场动画结束，如图 5-4 所示。

图 5-4 第 4 部分效果

第 5 章 MG 风格开场动画

制作圆环动画

在开始软件制作之前必须要确定剧本和分镜，这样在制作动画的过程中才不会出现大的偏差。第 1 部分动画的时长只有 1s，是利用形状图层制作完成的。下面介绍第 1 部分动画的制作过程。

5.2.1 创建背景

01 启动 After Effects CC 2018 软件，执行 "合成" → "新建合成" 菜单命令。也可以采用组合键 <Ctrl+N>，或单击项目面板中的 "新建合成" 按钮，如图 5-5 所示。

02 在合成设置面板中设置合成预设格式。单击预设设置栏右侧的菜单按钮，在扩展菜单中选择合适的预设格式。本案例中设置合成格式为 "HDV/HDTV 720 25"，如图 5-6 所示。

03 在 "合成设置" 对话框中设置名称、大小、帧速率和持续时间等详细参数，设置完成后，单击 "确定" 按钮，如图 5-7 所示。

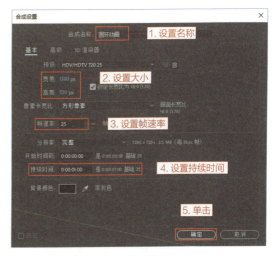

图 5-5　新建合成　　　　图 5-6　设置预设　　　　图 5-7　合成设置

5.2.2 绘制绿色圆环

接下来，绘制绿色圆环。

01 单击合成窗口下方的 "选择网格和参考线选项" 按钮，在弹出的菜单中选择 "标题/动作安全" 选项，如图 5-8 所示（在合成窗口中绘图时，安全框是非常重要的）。

02 长按工具栏中的 "矩形工具" 按钮，展开矩形工具的子菜单，选择 "椭圆工具"，如图 5-9 所示。

图 5-8　启动安全框　　　　　　　图 5-9　选择 "椭圆工具"

97

03 将动鼠标放置在视图中心，按住组合键 <Ctrl+Shift> 同时拖动鼠标，便可在视图中心绘制正圆形，如图 5-10 所示。

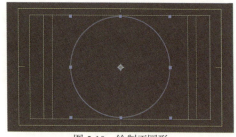

图 5-10　绘制正圆形

04 按住 <Alt> 键，单击"填充类型选项"按钮 填充 ，可以循环查看填充类型，这里选择"颜色填充" 填充 。

05 单击"颜色填充"按钮 填充 ，打开"形状填充颜色"对话框，如图 5-11 所示。

06 设置颜色为绿色，颜色参数为（R=104，G=255，B=155），如图 5-12 所示。接下来设置描边类型选项。

图 5-11　"形状填充颜色"对话框

图 5-12　设置圆环填充颜色

07 按住 <Alt> 键，单击"描边类型选项"按钮 描边 ，调整描边颜色，选择"无描边选项" 描边 。

08 右击图层名称，修改时间轴形状图层名称，如图 5-13 所示。

图 5-13　右击图层名称

09 选择"重命名"选项，如图 5-14 所示。将图层名称设置为"绿色"，如图 5-15 所示。重命名是为了与后面创建的不同形状图层区分开。

图 5-14　选择重命名

图 5-15　设置图层名称

5.2.3 制作绿色圆环动画

绿色圆环绘制完成后,开始制作圆环动画。

01 选择"绿色"图层,按快捷键 <S>,将图层的"缩放"属性展开,如图 5-16 所示。为"绿色"图层制作缩放动画。

图 5-16　展开缩放属性

02 在第 0 帧(即合成首帧),单击"缩放"属性左侧的"关键帧记录器"按钮，添加"缩放"关键帧,并将"缩放"参数设置为"0.0,0.0%",使圆环在第 0 帧时是没有的,如图 5-17 所示。

图 5-17　设置缩放参数(1)

03 在第 24 帧,调整"缩放"参数为"450.0,450.0%",使圆环呈现出放大的效果,如图 5-18 所示。

图 5-18　设置缩放参数(2)

04 右击 24 帧的关键帧，打开缓动添加面板为其添加缓动效果,使圆环动画看上去更加细腻,如图 5-19 所示。

05 单击"图表编辑器"按钮，打开缓动编辑面板,如图 5-20 所示。再次调整缓动曲线,使动画看上去节奏感更好。

图 5-19　添加缓动效果

图 5-20　打开缓动编辑面板

06 缓动使圆环动画快速入画缓慢出画，如图 5-21 所示。这样便完成了绿色圆环动画的制作。

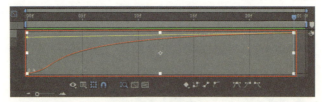

图 5-21　调整缓动

> **提示**　单击一次"图表编辑器"按钮，可以打开缓动编辑面板，再次单击"图表编辑器"按钮，便可以关闭此面板。缓动调整完成后，便可关闭缓动编辑面板，以方便后面的动画制作。

07 效果展示。单击"播放"按钮预览效果，可以看到绿色圆环从无到有，最后覆盖全屏，整个效果一气呵成，比较流畅，如图 5-22 所示。

图 5-22　效果展示

5.2.4　制作蓝色、红色圆环动画

绿色圆环动画制作完成后，开始制作蓝色、红色圆环动画。

01 由于蓝色、红色圆环动画同绿色圆环动画规律一致，只是出现的时间不同，所以将绿色圆环动画复制出两个，调整其颜色以及出现时间便可。

02 选择"绿色"图层，按两次组合键 <Ctrl+D> 复制出两个绿色图层，如图 5-23 所示。

03 重命名图层 2 为"蓝色"，图层 1 为"红色"，如图 5-24 所示。

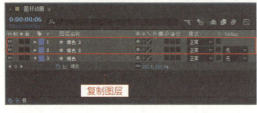 

图 5-23　复制图层　　　　　　图 5-24　重命名图层

04 选中"蓝色"图层，单击"颜色填充"按钮，打开"形状填充颜色"对话框，如图 5-25 所示。

05 设置"蓝色"图层的颜色，颜色参数为（R=87，G=199，B=240），单击"确定"按钮，如图 5-26 所示。接下来，设置"红色"图层的颜色。

06 根据上述方法，选中"红色"图层，单击"颜色填充"按钮，打开"形状填充颜色"对话框，设置"红色"图层的颜色，颜色参数为（R=208，G=7，B=76），单击"确定"按钮如图 5-27 所示。

图 5-25 "形状填充颜色"对话框

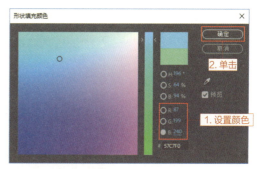

图 5-26 设置"蓝色"图层的颜色

图 5-27 设置"红色"图层的颜色

07 调整蓝色、红色圆环动画出现的时间。拖动蓝色时间条至第 3 帧,拖动红色时间条至第 6 帧,这样,这两个圆环动画便会分别从第 3 帧和第 6 帧开始,如图 5-28 所示。

图 5-28 调整时间条

08 由于圆环动画是为了引出狮子动画,所以最后圆环要消失。下面为动画图层添加遮罩层,使其消失。

09 选中任意图层,按组合键 <Ctrl+D> 复制出一图层,并为其命名"遮罩",将时间条拖动置第 10 帧,如图 5-29 所示。

10 选择图层模式中的"正常"选项,打开全部图层显示模式,选择图层模式为"轮廓 Alpha",如图 5-30 所示。

图 5-29 新建"遮罩"层 图 5-30 选择图层模式

11 将图层模式改变为"轮廓 Alpha"之后，该图层便形成一个透明的底框，所以能够显示该图层的底层动画或图形，如图 5-31 所示。

图 5-31　效果展示

12 至此，圆环动画的缩放部分已经完成。为了使圆环效果更加炫酷，下面为圆环添加模糊以及一些错落的动画效果。

5.2.5 制作圆环蒙版动画

为圆环制作一个蒙版遮罩动画，使圆环层次看上去更加丰富。

01 新建一个与"圆环动画"合成大小一致的合成。使用下述的方法新建一个合成，不需要再次新建并调整数值那么繁琐。

02 在项目面板中选择"圆环动画"，将其拖动至画板底部的"新建合成"按钮中，如图 5-32 所示。这样便可新建一个与圆环动画各项数值一致的新合成，如图 5-33 所示。

03 右击"圆环动画 2"，在弹出的菜单中选择"重命名"选项，将其重命名为"圆环组合"如图 5-34 所示。

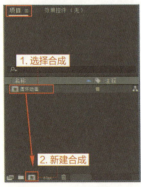

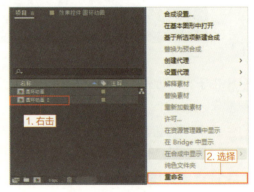

图 5-32　新建合成　　　图 5-33　新建合成　　　图 5-34　重命名合成

04 在"圆环组合"时间轴面板中，选择"圆环动画"图层，按组合键 <Ctrl+D> 复制出一图层。

05 选择工具栏中"椭圆工具"，或按快捷键 <Q> 选择"椭圆工具"，为第 1 个图层创建一个蒙版。

06 首先选中图层 1 的"圆环动画"图层，再将动鼠标放置在视图中心，按住组合键 <Ctrl+Shift> 的同时拖动鼠标便可在视图中心绘制正圆蒙版，如图 5-35 所示。

07 向下展开"圆环动画"图层，依次展开"蒙版"→"蒙版 1"，如图 5-36 所示。

> **提示**　绘制图层蒙版一定要选中图层，否则绘制的便是形状图层。

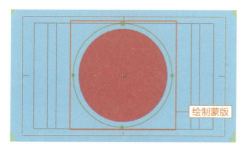
图 5-35 绘制蒙版

图 5-36 展开命令

08 在第 0 帧,单击"蒙版扩展"属性左侧的"关键帧记录器"按钮,添加蒙版扩展关键帧,并将蒙版扩展参数设置为"-300.0 像素"。在第 24 帧,将蒙版扩展参数设置为"600.0 像素",如图 5-37 所示。

09 选择"圆环动画"图层,选择"图层"→"图层样式"→"投影"选项,为遮罩添加投影,如图 5-38 所示。下面设置投影参数。

图 5-37 添加关键帧

图 5-38 选择"投影"选项

10 向下依次展开蒙版图层的"图层样式"→"投影",如图 5-39 所示。

11 调整投影的"不透明度""距离"和"大小"参数,使投影与圆环更加贴合,如图 5-40 所示。

图 5-39 展开"投影"

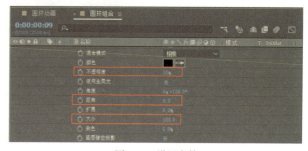
图 5-40 设置参数

12 添加投影效果后,圆环的层次更加丰富,效果更加突出,如图 5-41 所示。

图 5-41 效果展示

5.2.6 制作圆环动画错落的层次效果

为圆环动画制作一些错落的层次效果，使圆环动画看上去更加炫酷。

01 单击"新建合成"按钮或按组合键 <Ctrl+N> 新建合成，如图 5-42 所示。

02 在"合成设置"对话框中设置名称、大小、帧速率、持续时间等参数，设置完成后，单击"确定"按钮，如图 5-43 所示。

图 5-42 新建合成

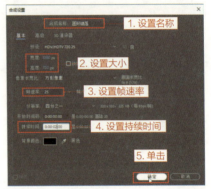

图 5-43 合成设置

03 在"圆环错落"合成中新建一个纯色图层，即为该合成添加一个背景颜色，选择菜单栏中的"图层"→"新建"→"纯色"选项新建纯色图层，也可按组合键 <Ctrl+Y> 新建纯色图层如图 5-44 所示。

04 在"纯色设置"对话框中，单击"制作合成大小"按钮，将纯色图层与"圆环错落"合成大小保持一致，如图 5-45 所示。下面设置纯色图层的颜色。

05 单击"颜色"按钮，打开"纯色"对话框，如图 5-46 所示。

图 5-44 新建纯色层

图 5-45 设置大小

图 5-46 单击"颜色"按钮

06 设置颜色，颜色参数为（R=114，G=200，B=183），单击"确定"按钮，如图 5-47 所示。

07 在"纯色设置"对话框中，单击"确定"按钮，执行纯色设置，如图 5-48 所示。

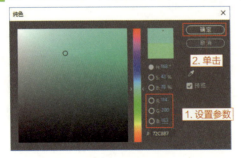

图 5-47 设置颜色

图 5-48 执行纯色设置

08 将项目面板中的"圆环组合"合成拖动至"圆环错落"动画合成时间轴的第 10 帧处，如图 5-49 所示。下面为"圆环组合"图层绘制蒙版，使该动画图层只出现一部分。

图 5-49 拖动动画图层

09 选择"钢笔工具" ，为"圆环组合"图层绘制蒙版，如图 5-50 所示。

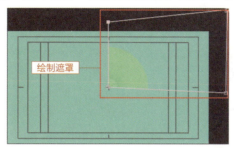

图 5-50 绘制蒙版

10 按组合键 <Ctrl+D> 将"圆环组合"图层复制出一层，下面将复制出的"圆环组合"图层的时间条拖动至第 11 帧，如图 5-51 所示。

图 5-51 复制图层

11 展开"蒙版"，将其属性设置为"相减"，如图 5-52 所示。

图 5-52 设置蒙版属性

12 效果展示。将蒙版属性设置为"相减"后，该蒙版呈现出与前一个蒙版相反的效果，如图 5-53 所示。接下来，再次复制出一个图层，并调整其蒙版路径，使效果更加多样化。

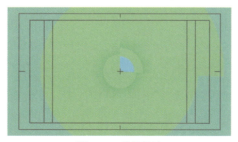

图 5-53 效果展示

105

13 按组合键 <Ctrl+D> 复制出一图层，并将其时间条拖动至第 12 帧，如图 5-54 所示。

图 5-54 效果展示

14 时间条调整完成后，将其蒙版路径调整如图 5-55 所示。这样调整是为了使圆环动画的层次不同，从而使效果更加丰富。

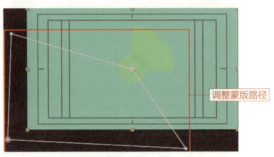

图 5-55 调整蒙版路径

15 蒙版调整完成后，按"播放"按钮预览效果，如图 5-56 所示。

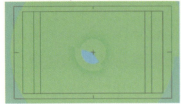  

图 5-56 效果展示

16 圆环动画制作完成后，为制作狮子动画做准备。首先对底色层时间条进行裁剪。选择底色层，在第 20 帧处，按组合键 <Alt+]> 对底色层时间条的右侧进行裁剪，如图 5-57 所示。

图 5-57 裁剪时间条

5.3 制作狮子动画

狮子动画紧接着圆环动画出现，所以二者之间会有一部分动画重叠在一起，下面介绍狮子动画的制作步骤。

5.3.1 创建背景

01 新建一个合成。按组合键 <Ctrl+N>，或者执行"合成"→"新建合成"菜单命令新建合成。

02 在"合成设置"对话框中设置合成的名称、大小、帧速率和持续时间等详细参数，设置完成后，单击"确定"按钮，如图 5-58 所示。

03 在"狮子动画"合成中新建一个纯色图层，即为该合成添加一个背景颜色。选中该纯色图层按组合键 <Ctrl+Y> 打开新建纯色层面板。

04 在"纯色设置"对话框中设置纯色图层的名称，单击"制作合成大小"按钮，让纯色图层与"狮子动画"合成大小一致，如图 5-59 所示。

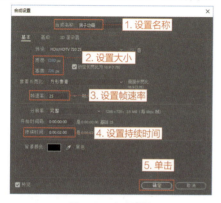

图 5-58　合成设置

图 5-59　纯色设置

05 设置纯色图层颜色。单击"颜色"按钮，打开"纯色"对话框如图 5-60 所示。

06 设置颜色，颜色参数为（R=236，G=32，B=80），单击"确定"按钮，如图 5-61 所示。

07 在"纯色设置"对话框中，单击"确定"按钮，执行纯色设置，如图 5-62 所示。

图 5-60　单击"颜色"按钮

图 5-61　设置颜色

图 5-62　执行纯色设置

5.3.2 导入素材

背景创建完成后，现在将狮子素材导入到 After Effects 软件中。

01 狮子的整体造型预览，如图 5-63 所示。狮子的造型非常简洁，是由蓝色的面和深灰色的线组成，狮子主要的动画是它的边线运动。

02 由于狮子只是边线在运动，所以将狮子的面部颜色和边线进行了分离，下面导入狮子面部色块。

图 5-63　狮子预览

03 选择菜单栏"文件"→"导入"→"文件"选项,或者按组合键<Ctrl+I>打开"导入文件"对话框,如图 5-64 所示。

04 找到素材存放目录,选择要导入的文件,单击"导入"按钮,如图 5-65 所示。

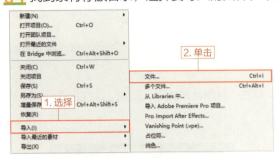

图 5-64 导入文件

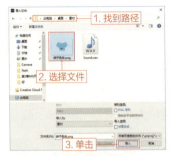

图 5-65 执行导入

05 这样"狮子色块"素材便导入到了项目面板中,如图 5-66 所示。

06 将导入到项目面板的"狮子色块"素材拖动到时间轴面板中,如图 5-67 所示。

图 5-66 效果展示

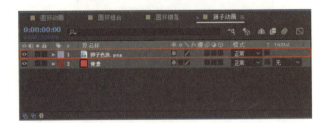

图 5-67 拖入时间轴面板

07 调整"狮子色块"的大小,按快捷键<S>,将其"缩放"属性展开,如图 5-68 所示。

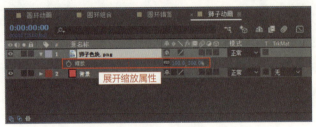

图 5-68 展开缩放属性

08 调整"狮子色块"缩放数值,如图 5-69 所示。下面使用"钢笔工具"绘制狮子的边线。

图 5-69 调整大小

5.3.3 制作线动画

01 单击"钢笔工具"按钮 ![pen], 绘制狮子下嘴唇线条, 如图 5-70 所示。接着将形状图层的填充颜色删除。

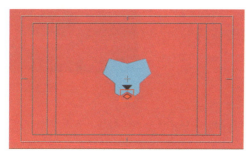

图 5-70 绘制下嘴唇线条

> 提示：绘制线条时不要选择任何图层, 直接在视图绘制, 使绘制的线条形成单独的形状图层。

02 选择形状图层, 按住 <Alt> 键单击"填充类型选项"按钮 填充, 选择颜色填充类型为"无填充" 填充, 将其关闭。下面调整描边颜色。

03 单击"描边类型选项"按钮 描边, 打开"形状描边颜色"对话框, 如图 5-71 所示。接下来, 调整描边颜色。

04 设置描边颜色为深灰色, 颜色参数为（R=31, G=31, B=31）, 单击"确定"按钮, 如图 5-72 所示。接下来, 设置描边宽度。

图 5-71 形状描边颜色

图 5-72 调整描边颜色

05 将描边宽度设置为"9 像素"。接下来, 绘制狮子上嘴唇。

06 绘制狮子上嘴唇, 如图 5-73 所示。

07 绘制狮子左眼, 如图 5-74 所示。

图 5-73 绘制上嘴唇

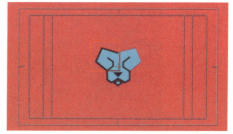

图 5-74 绘制左眼

08 绘制狮子右眼，如图 5-75 所示。接着制作线条动画。

图 5-75 绘制右眼

图 5-76 分开绘制线条

> 提示：将狮子各部分的线条分开绘制，这样方便动画的制作。如图 5-76 所示。

09 单击工具栏中的"添加"按钮，在弹出的子菜单中选择"修剪路径"选项，如图 5-77 所示。

10 向下展开"修剪路径"属性，如图 5-78 所示。

图 5-77 激活修建路径

图 5-78 展开"修建路径"

11 在第 5 帧，按下"开始"和"结束"属性前面的"关键帧记录器"按钮，为"开始"和"结束"属性添加关键帧，如图 5-79 所示。

图 5-79 添加关键帧

12 设置"开始"和"结束"属性数值，如图 5-80 所示。

图 5-80 设置数值（1）

第 **5** 章　MG 风格开场动画

13 在第 20 帧，分别设置"开始"和"结束"属性数值，如图 5-81 所示。

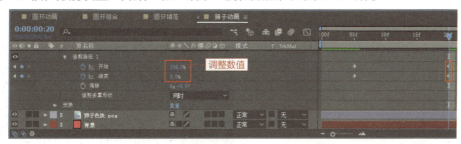

图 5-81　设置数值（2）

14 选择所有关键帧，右击，在弹出的菜单中选择"关键帧辅助"→"缓动"选项，为线条添加缓动效果。如图 5-82 所示。

图 5-82　添加缓动

15 至此，狮子动画便已制作完成，狮子边线呈现了从无到有的变换过程。预览动画效果，如图 5-83 所示。

图 5-83　效果展示

5.4　制作线条动画

狮子动画消失后，线条动画随即出现，线条动画是一个过渡动画，目的是引出后面第 4 部分的文字动画。下面开始线条动画的制作。

5.4.1　创建背景

01 新建一个合成。按组合键 <Ctrl+N>，或者执行"合成"→"新建合成"菜单命令新建合成。

02 在"合成设置"对话框中设置合成的名称、大小、帧速率和持续时间等详细参数，设置完成后单击"确定"按钮，如图 5-84 所示。

111

5.4.2 制作线条动画

01 选择"钢笔工具" ✎ ，绘制线条，线条长度适中即可，如图 5-85 所示。

图 5-84 合成设置

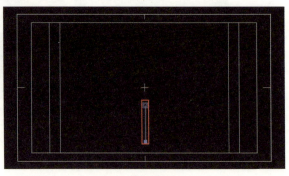

图 5-85 绘制线条

02 单击"描边类型选项"按钮 描边 ■ ，打开"形状描边颜色"对话框，如图 5-86 所示。接下来，调整描边颜色。

03 设置描边颜色为蓝色，颜色参数为（R=67，G=199，B=241），单击"确定"按钮，如图 5-87 所示。接下来，设置描边宽度。

图 5-86 形状描边颜色

图 5-87 设置颜色

04 将描边宽度设置为"13 像素"，使线条加宽，如图 5-88 所示。线条绘制完成后，下面开始制作动画。

05 单击工具栏中"添加"按钮 ▶ ，在弹出的子菜单中选择"中继器"选项，如图 5-89 所示。

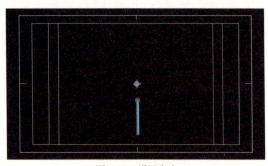

图 5-88 设置宽度

图 5-89 激活中继器

06 使用"中继器"后,可以看到,视图中除了之前绘制的线条外,又新增了两条线,如图 5-90 所示。接下来,对线条进行设置。

07 向下依次展开"中继器"→"变换: 中继器"属性,如图 5-91 所示。下面设置线条的各项数值。

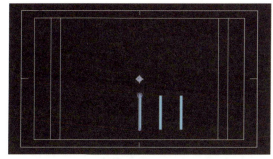

图 5-90　线条展示　　　　　　　　　　　图 5-91　展开属性

08 设置"副本"数值为"7.0",使线条增加为 7 根,如图 5-92 所示。

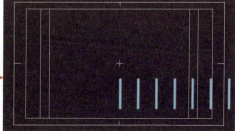

图 5-92　设置"副本"数值

09 设置"位置"数值为"0.0,0.0",使所有线条处于同一位置,如图 5-93 所示。

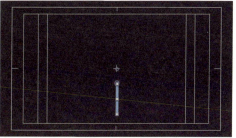

图 5-93　设置"位置"数值

10 设置线条"旋转"数值,使线条呈现圆形,如图 5-94 所示。数值设置完成后,下面开始制作线条动画。

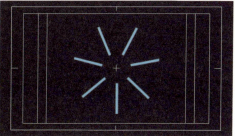

图 5-94　设置"旋转"数值

11 单击工具栏中的"添加"按钮■,在弹出的子菜单中选择"修剪路径"选项,利用"修剪路径"制作动画,如图 5-95 所示。

12 在开始帧,单击"开始"左侧"关键帧记录器"按钮■,添加"开始"关键帧,如图 5-96 所示。

图 5-95 激活修剪路径　　　　　　　　　图 5-96 添加"开始"关键帧

13 在第 5 帧,设置"开始"数值,这样便形成一段"开始"动画,如图 5-97 所示。接下来,设置"结束"动画。

图 5-97 调整数值

14 在第 4 帧,单击"结束"左侧"关键帧记录器"按钮■,添加"结束"关键帧,并设置数值如图 5-98 所示。

图 5-98 添加"结束"关键帧

第 **5** 章 MG 风格开场动画

15 在第 10 帧，设置"结束"数值，这样便形成一段"结束"动画，如图 5-99 所示。

图 5-99 设置关键帧

16 动画效果制作完成后，按"播放"按钮进行展示。可以看到线条动画从无到有生长出来，然后慢慢缩回消失，如图 5-100 所示。

图 5-100 效果展示

5.5 制作文字动画

MG 动画的最后，文字出现点明主题，下面来制作文字动画。

5.5.1 创建背景

01 新建一个合成。按组合键 <Ctrl+N>，或者执行"合成"→"新建合成"菜单命令新建合成。

02 在合成设置面板中设置合成的名称、大小、帧速率和持续时间等详细参数，设置完成后单击"确定"按钮，如图 5-101 所示。

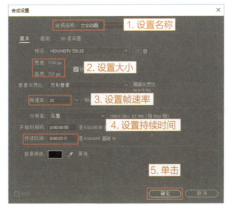

图 5-101 合成设置

115

5.5.2 制作文字动画

01 选择工具栏中的"文字工具"。输入文字，如图 5-102 所示。接下来，对文字进行各项设置。

02 选择文字图层，按快捷键 <P> 其"位置"属性，将"位置"属性数值设置如图 5-103 所示，同时调整文字字体以及大小。

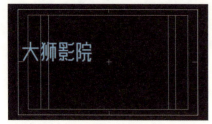

图 5-102 输入文字

图 5-103 调整"位置"属性

03 文字基本设置调整完成后，将文字创建为形状。选择菜单栏中的"图层"→"创建"→"从文字创建形状"选项。如图 5-104 所示。

04 创建形状后，时间轴面板便多了一个文字形状图层，并且原本的图层被隐藏，如图 5-105 所示。接下来，使用"修剪路径"制作文字动画。

图 5-104 从文字创建形状

图 5-105 创建形状后的时间轴面板

05 单击工具栏中的"添加"按钮，在弹出的子菜单中选择"修剪路径"选项，利用"修剪路径"制作动画，如图 5-106 所示。

06 展开"修剪路径"属性，将时间条移动至第 25 帧处，如图 5-107 所示。

图 5-106 修剪路径

图 5-107 展开属性

07 单击"结束"左侧"关键帧记录器"按钮 ◯，添加"结束"关键帧，并设置数值使文字隐藏，如图 5-108 所示。

图 5-108　设置数值使文字隐藏

08 在第 32 帧，将"结束"数值设置为"100.0%"，使文字出现，如图 5-109 所示。接下来，为该关键帧添加缓动，使动画效果更加平滑。

图 5-109　设置数值使文字出现

09 右击选中的关键帧，在弹出的菜单中选择"关键帧辅助"→"缓动"选项，或者选中关键帧按快捷键 <F9> 为其添加缓动。如图 5-110 所示。接下来，为文字添加遮罩。

图 5-110　添加缓动

10 选中"大狮影院"图层，选择"无"→"Alpha 遮罩""大狮影院"轮廓"选项，如图 5-111 所示。这样，汉字动画部分便已完成。下面制作英文动画部分。

图 5-111　添加遮罩

11 选择"文字工具"，输入"LION"，如图 5-112 所示。

12 选择英文文字图层，按快捷键 <P> 展开其"位置"属性，将"位置"属性数值设置如图 5-113 所示。因为之前在输入汉字时已经设置过文字字体，所以接下来，只需要调整其大小即可。

图 5-112 输入英文

图 5-113 调整"位置"属性

13 设置文字大小如图 5-114 所示。接着制作文字淡入动画。

14 按快捷键 <T>，将英文文字图层的"不透明度"属性展开，如图 5-115 所示。

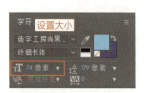

图 5-114 设置文字大小

图 5-115 展开不透明属性

15 在第 34 帧，单击"不透明度"左侧"关键帧记录器"按钮，设置"不透明度"数值为"0%"，如图 5-116 所示。

图 5-116 设置开始帧

16 在第 39 帧，设置不透明度数值为"100%"，如图 5-117 所示。这样，便可形成文字淡入的效果。

图 5-117 设置结束帧

17 效果展示如图 5-118 所示。至此文字动画已经全部完成。

图 5-118　效果展示

5.6 合成最终动画

通过前几节的制作，MG 动画的几个分镜头已经制作完成，下面对动画分镜头进行合成，并添加声音使其形成一个完整的片头动画。

5.6.1 创建背景

01 新建一个合成。按组合键 <Ctrl+N> 或者执行"合成"→"新建合成"菜单命令新建合成。

02 在"合成设置"对话框中设置合成的名称、大小、帧速率和持续时间等详细参数，设置完成后单击"确定"按钮，如图 5-119 所示。接下来将声音添加进来。

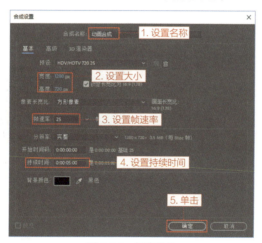

图 5-119　创建背景

5.6.2 添加声音

01 选择菜单栏"文件"→"导入"→"文件"选项，或者按组合键 <Ctrl+I> 打开"导入文件"对话框。

02 找到素材存放目录，选择要导入的文件，单击"导入"按钮，如图 5-120 所示。

03 将导入到项目面板的声音素材拖动到时间轴面板中，如图 5-121 所示。接下来，将所有的动画拖入时间轴面板。

图 5-120　导入文件

图 5-121　拖入声音素材

5.6.3 合成动画

01 所有动画拖入时间轴面板后，将"圆环错落"合成放置在时间轴的第 0 帧，"狮子动画"合成放置在时间轴的第 15 帧，"线条动画""文字动画"合成放置在时间轴的第 63 帧，如图 5-122 所示。

图 5-122　拖入所有动画

02 从效果预览中看到，每个镜头之间的衔接不是特别自然，如图 5-123 所示。接下来调整镜头之间的衔接。

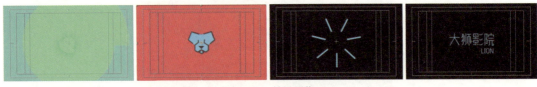

图 5-123　效果预览

03 调整"圆环错落"合成和"狮子动画"合成之间的衔接。

04 选择"椭圆工具"。长按"矩形工具"按钮，弹出子菜单，选择"椭圆工具"，如图 5-124 所示。

图 5-124　选择"椭圆工具"

05 利用"椭圆工具"，在屏幕中心绘制一个正圆，然后为其建立遮罩，如图 5-125 所示。

06 将"形状图层"拖动至"狮子动画"的前一层，如图 5-126 所示。

07 为"狮子动画"添加 Alpha 遮罩，使遮罩出现时"狮子动画"也出现，同时可以为遮罩制作缩放动画，使整体动画效果看上去更加丰富，如图 5-127 所示。下面调整遮罩的时间条长度，使其与"狮子动画"一致。

图 5-125 绘制形状

图 5-126 拖动图层

图 5-127 添加遮罩

08 切割时间条。现先将时间条移动至第 15 帧，按快捷键 <Alt+[> 切割左侧时间条，如图 5-128 所示。下面切割右边时间条。

图 5-128 切割左侧时间条

09 再将时间条移动至第 68 帧，按快捷键 <Alt+]> 切割右侧时间条，如图 5-129 所示。

图 5-129 切割右侧时间条

10 通过效果可以看到，"狮子动画"与遮罩图层的中心位置有所偏差，如图 5-130 所示。下面通过调整"狮子动画"的位置来调整其偏差效果。

11 选择"狮子动画"，按快捷键 <P> 将其"位置"属性展开。

12 调整"位置"属性数值，如图 5-131 所示，使狮子头处于遮罩的相对中心位置，或者也可以选中"狮子动画"，按键盘的 <↑><↓><←><→> 键进行对齐。

图 5-130 效果查看

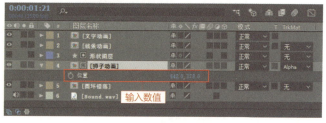
图 5-131 调整"位置"属性

13 调整好位置后，接着对遮罩进行缩放动画的制作，使遮罩开始时出现一段由小到大的缩放过程，从而使"狮子动画"慢慢出现，而不是突然跳出。

14 在第 15 帧，按快捷键 <S> 将遮罩图层的"缩放"属性展开。

15 单击"缩放"属性左侧的"关键帧记录器"按钮，设置数值，如图 5-132 所示，为其添加一个关键帧。

图 5-132　添加关键帧（1）

16 在第 23 帧，调整其"缩放"数值，如图 5-133 所示，为其添加另外一个关键帧。

图 5-133　添加关键帧（2）

17 至此，遮罩层的缩放动画便已制作完成。接下来，再调整"狮子动画"的出场方式。可以将"狮子动画"的出场方式制作成从大到小的缩放动画。

18 在第 55 帧，按快捷键 <S> 将遮罩图层的"缩放"属性展开。单击"缩放"属性左侧的"关键帧记录器"按钮，如图 5-134 所示，为其添加一个关键帧。

图 5-134　添加关键帧（3）

19 在第 60 帧，调整"缩放"数值，如图 5-135 所示。

图 5-135　添加关键帧（4）

20 在第 64 帧，调整"缩放"数值，如图 5-136 所示。

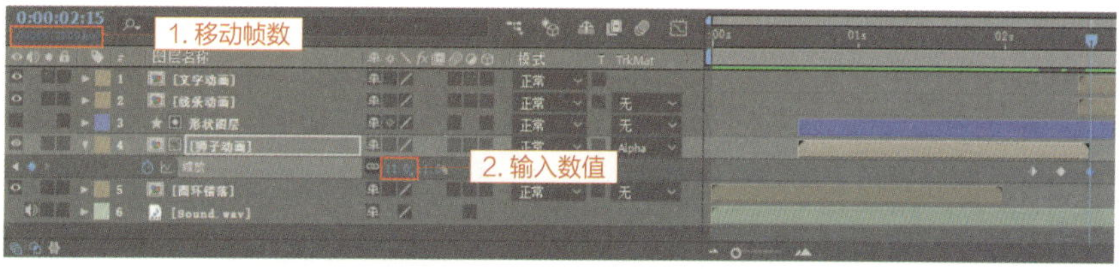

图 5-136 添加关键帧（5）

21 添加关键帧缓动。选中所有关键帧，按快捷键 <F9> 为关键帧添加缓动，使动画效果更加平滑，如图 5-137 所示。

图 5-137 添加关键帧缓动

22 至此，"狮子动画"与其他动画的衔接工作便已完成。接下来，调整文字的出现时间。

23 现在，文字的出现时间稍晚，有两种方法将其时间提前，第 1 种是进入文字合成内部调整其关键帧，使文字出现时间提前，第 2 种是直接在"动画合成"里面将其时间条往前拖动，使文字出现时间提前。具体来介绍第 2 种调整方法。

24 将时间条移动至 43 帧，使文字出现时间提前，如图 5-138 所示。

图 5-138 移动时间条

25 至此，MG 风格的开场动画就制作完成了，最终效果如图 5-139 所示。

图 5-139 最终效果展示

第 6 章
MG 产品展示动画

MG 动画是介于平面设计与动画片之间的一种产物，MG 动画在视觉表现上遵循的是平面设计的相关规则，在技术上使用的是动画制作的多种技术。本案例是制作一个产品展示动画，通过动画的手段，使平面设计"动"起来。

6.1 动画分析

本案例通过 MG 动画呈现一个产品展示，该动画主要由 3 个部分组成。

- 第 1 部分：时间为 2s，是标题动画，由圆环动画引出大小标题，如图 6-1 所示。

图 6-1　第 1 部分效果

- 第 2 部分：时间为大概为 6s，分别依次展示产品的名称、价格、性能以及产品图片，这样让观众能够更加详细地了解产品，如图 6-2 所示。

图 6-2　第 2 部分效果

- 第 3 部分：时间大概为 6s，本部分的动画展示和上一部分的动画展示功能一样，都是为了展示产品的名称、价格、性能以及产品图片，只是背景颜色稍有变化，如图 6-3 所示。

图 6-3　第 3 部分效果

6.2 制作标题动画

该动画首先出现的是圆环动画，然后出现标题动画和副标题动画。先制作标题动画，圆环动画和副标题动画稍后再利用插件制作。

6.2.1 创建背景

01 启动 After Effects CC 2018 软件，执行"合成"→"新建合成"菜单命令，也可以采用组合键<Ctrl+N>，或单击项目面板中的"新建合成"按钮，如图 6-4 所示。

02 在"合成设置"对话框中设置合成的名称、大小、帧速率和持续时间等详细参数，设置完成后单击"确定"按钮，如图 6-5 所示。背景创建完成后，接下来，制作标题动画。

图 6-4 新建合成

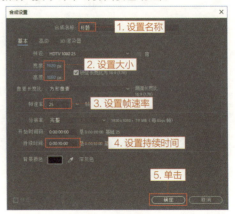

图 6-5 合成设置

6.2.2 制作标题方框动画

01 绘制标题动画的底边。单击合成窗口下方的"选择网格和参考线选项"按钮，在弹出的子菜单中选择"标题/动作安全"选项，如图 6-6 所示（在合成窗口中进行绘图时，安全框是非常重要的）。

02 选择工具栏中的"矩形工具"。

03 在合成窗口中绘制矩形，如图 6-7 所示。

图 6-6 启动安全框

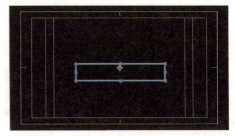

图 6-7 绘制矩形

04 按住<Alt>键，单击工具栏中"描边类型选项"按钮，打开"形状描边颜色"对话框，如图 6-8 所示。

05 设置描边颜色为白色，颜色参数为（R=255，G=255，B=255），单击"确定"按钮，如图 6-9 所示。

图 6-8 形状描边颜色

图 6-9 设置描边颜色

06 不需要为方框填充，所以按住 <Alt> 键单击"填充类型选项"按钮，将其填充关闭 填充：。

07 下面设置描边的宽度，将描边的宽度设置为"12 像素"。

08 调整方框的大小和位置。利用"选取工具"，双击方框，拖动节点，调整方框的大小。因为是主标题，所以要稍大点，使其显目，如图 6-10 所示。下面设置"位置"属性。

09 可以按快捷键 <P>，将方框的"位置"属性展开，对位置进行调整；也可以按键盘上的 <↑>、<↓>、<←>、<→> 键进行调整。使方框位置稍微居上居中，使其处于黄金分割点上，只要大概位置一致即可，如图 6-11 所示。

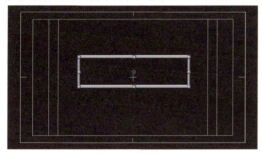
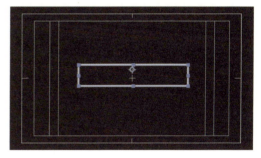

图 6-10 调整大小　　　　　　　　　　　图 6-11 调整位置

10 接下来制作方框动画。为方框制作一个从无到有的缩放动画，将时间条移动至第 10 帧，使其动画从第 10 帧开始，因为前面还需要添加一个圆环动画，所以方框动画从第 10 帧开始。

11 按快捷键 <S> 展开"缩放"属性，单击"缩放"左侧的"关键帧记录器"按钮，为其添加关键帧，并将"缩放"参数设置为"0.0，0.0%"，如图 6-12 所示。

12 在第 22 帧，将数值调整为"100.0，100.0%"，如图 6-13 所示。此时缩放动画便已产生，但是该动画的动画效果太生硬，接下来为该动画添加缓动效果，使其变得生动、自然。

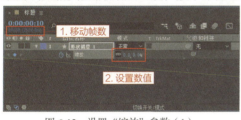
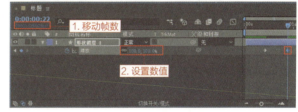

图 6-12 设置"缩放"参数（1）　　　　　图 6-13 设置"缩放"参数（2）

13 选中所有的关键帧并右击，选择"关键帧辅助"→"缓动"选项如图 6-14 所示。

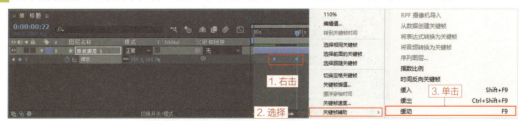

图 6-14 添加缓动

14 单击"图表编辑器"按钮，打开缓动编辑面板，调整缓动效果，使方框动画呈现先快后慢的节奏。如图 6-15 所示。方框动画制作完成后，再制作方框里面的方块动画。

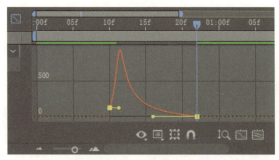

图 6-15 调整缓动

6.2.3 制作标题方块动画

01 选择"矩形工具" ▭，在方框上边绘制一个方块，绘制在大概位置即可，如图 6-16 所示。下面为方块填充颜色。

02 按住 <Alt> 键，单击工具栏中"颜色填充"按钮 ▭，将其转换为"颜色填充" ▭。

03 然后单击纯色填充按钮，将"形状填充颜色"对话框打开。设置颜色，颜色参数为（R=202，G=88，B=76），单击"确定"按钮，如图 6-17 所示。

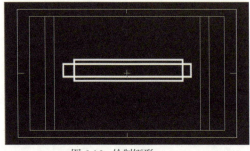

图 6-16 绘制矩形

图 6-17 设置颜色

04 设置描边类型。不需要为方块添加描边，所以按住 <Alt> 键单击"描边类型选项"按钮，将其关闭 ▭。接下来，开始制作动画。

05 在制作动画之前，首先要调整锚点的位置，因为锚点的位置决定了动画的运动方向，要使方块从左向右伸展出来，就需要将锚点先移动到方块的左边，单击工具栏中"锚点工具" ▭，通过拖动锚点，将方块的锚点移动到方块的左边，如图 6-18 所示。

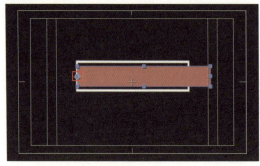

图 6-18 移动锚点

06 方块是从左往右运动的穿插效果，想要实现这个效果还必须用到遮罩。

07 按快捷键<S>，将方块的"缩放"属性展开，然后按住组合键<Shift+P>，将其"位置"属性同时展开，如图 6-19 所示。

08 先调整其位置如图 6-20 所示。在设置"位置"数值时，只要合成窗口中的图形位置准确即可，数值不做硬性规定。下面，制作其缩放动画。

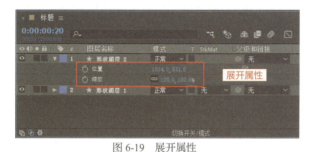

图 6-19　展开属性

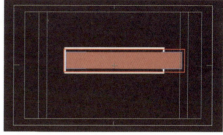

图 6-20　调整位置

09 解锁约束比例。取消勾选缩放设置栏中的约束比例选框。

10 在第 20 帧，单击缩放左侧关键帧图标，调整"缩放"参数为"0.0，100.0%"，使方块在最开始的 X 轴方向处于隐藏状态，如图 6-21 所示。

图 6-21　调整"缩放"参数

11 在第 30 帧，调整"缩放"X 轴数值为"100.0"，使方块完全出现，如图 6-22 所示。接下来，为缩放动画添加缓动。

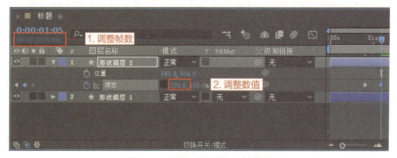

图 6-22　调整"缩放"X 轴数值

12 添加缓动。选中所有的关键帧并右击，选择"关键帧辅助"→"缓动"选项，或者按快捷键<F9>进行添加。

13 调整缓动曲线，选择所有的"缩放"关键帧，单击"图表编辑器"按钮，打开缓动编辑面板，如图 6-23 所示。再次调整缓动曲线，使动画的节奏感看上去更好。

14 单击"使所有图表适于查看"按钮■，便可查看所有图表并调整。

15 调整缓动曲线，如图 6-24 所示。使方块的动画效果更加自然。接下来，开始制作位置动画。

图 6-23　打开缓动编辑面板　　　　　　图 6-24　调整缓动（1）

16 添加"位置"关键帧，在第 30 帧，单击位置左侧"关键帧记录器"按钮■。

17 在第 38 帧，设置其"位置"数值，如图 6-25 所示。至此，方块的动画便已制作完成。接下来，对关键帧添加缓动。

18 添加缓动。选中所有的"位置"关键帧并右击，选择"关键帧辅助"→"缓动"选项，或者按快捷键 <F9> 键添加。

19 调整缓动曲线。选择所有的"位置"关键帧，单击"图表编辑器"按钮■，打开缓动编辑面板，调整曲线如图 6-26 所示。使动画节奏先快后慢。

图 6-25　设置"位置"数值　　　　　　图 6-26　调整缓动（2）

20 效果展示，如图 6-27 所示。接下来，制作文字动画。

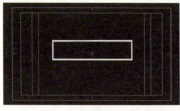

图 6-27　效果展示

6.2.4　制作文字动画

方框动画制作完成后，可以开始制作主标题文字动画了，文字动画是从左到右，从无到有的一种动画方式。

01 选择"文字工具"■。单击合成窗口，输入文字，如图 6-28 所示。

02 调整文字字体以及大小，如图 6-29 所示。接下来，为了清楚地区分各个图层，先将每个图层进行重命名。

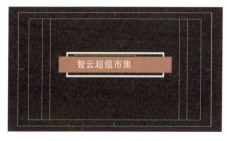

图6-28 输入文字

图6-29 设置文字

03 选中"方块""方框"图层，按<Enter>键，将两个形状图层进行重命名，如图6-30所示。文字图层在输入文字后便会自动命名。接下来，绘制一个形状图层，将其设置为遮罩层。

04 选择"矩形工具" ▢，不要选中任何图层，绘制一个矩形，如图6-31所示。

图6-30 重命名图层

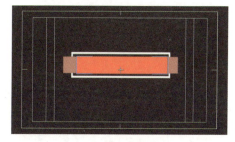

图6-31 绘制矩形

05 为了区分方块的颜色，单击"颜色填充"按钮，将"形状填充颜色"对话框打开，设置颜色为绿色，颜色参数为（R=38，G=248，B=7），单击"确定"按钮，如图6-32所示。

06 调整方块的位置，按键盘上的＜←＞、＜→＞键，将遮罩层的右边和白色边对齐，如图6-33所示。

图6-32 设置颜色

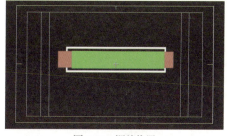

图6-33 调整位置

07 将文字重命名为"文字蒙版"，并将其隐藏。如图6-34所示。接下来，制作文字动画。

08 选择文字图层，按快捷键＜P＞，展开"位置"属性，在第32帧，将数值设置如图6-35所示。

图6-34 重命名图层

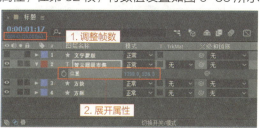

图6-35 展开"位置"属性

131

09 添加关键帧，单击属性左侧的"关键帧记录器"按钮◎，添加"位置"关键帧。

10 在第 47 帧，将"位置"属性数值设置如图 6-36 所示。这样文字动画制作完成，接下来，为文字添加缓动效果。

11 按快捷键 <F9> 添加缓动。下面为文字添加遮罩。

12 添加遮罩可以使文字只出现在被遮罩的部分，而没有遮罩的部分便不会显示出来。文字蒙版之前已经制作完成，选择"Alpha 遮罩"文字蒙版""选项，为其添加蒙版遮罩，如图 6-37 所示。

图 6-36　添加关键帧

图 6-37　添加遮罩

13 效果展示。可以看到文字只出现在被遮罩的部分。至此，主标题文字动画便已制作完成。如图 6-38 所示。

图 6-38　效果展示

6.2.5　制作方框遮罩动画

现在，动画效果以及衔接上都没有问题，但是该动画效果并不是理想的动画效果。理想的动画效果是红色方块的左边在白色边框的上边，右边则在白色边框的下边，想要实现这种效果需要使用蒙版。下面开始制作并实现想要的效果吧。

01 将"方框"图层移动至最上面，如图 6-39 所示。

02 复制图层。按组合键 <Ctrl+D> 复制出一方块图层，如图 6-40 所示。

图 6-39　移动图层

图 6-40　复制图层

03 将复制出的方块图层拖动至最上面，如图 6-41 所示。复制并移动方块图层，是为了利用该图层制作一个蒙版。接下来，调整"方块 2"图层的大小。

04 选择"选取工具"▶，或者按快捷键 <V>。拖动"方块 2"的节点，将其调整至合适的大小，不覆盖文字即可，如图 6-42 所示。

图 6-41　移动图层

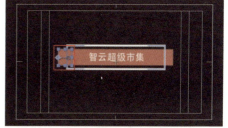

图 6-42　调整大小

> **提示**　由于"方块 2"图层本身存在关键帧，所以在调整遮罩大小时应该将时间条移动至关键帧的后面，再进行调整，这样便不会破坏原有的动画效果。

05 添加遮罩。单击"Alpha 遮罩'文字蒙版'"，为其添加蒙版遮罩，如图 6-43 所示。

06 效果展示。需要的动画效果已实现，如图 6-44 所示。下面，制作背景效果。

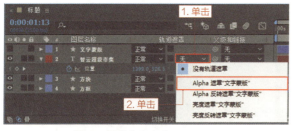

图 6-43　重命名合成

图 6-44　效果展示

6.2.6　制作背景效果

背景主要是由纯色底边和一个底边的动画组成。下面，先来添加一个底色层。

01 在"标题合成"中新建一个纯色图层，即为该合成添加一个背景颜色，选择菜单栏中的"图层"→"新建"→"纯色"选项新建纯色图层，也可按组合键 <Ctrl+Y> 新建纯色图层，如图 6-45 所示。

图 6-45　新建纯色图层

02 在"纯色设置"对话框中，单击"制作合成大小"按钮，将纯色图层与"标题合成"大小保持一致，如图 6-46 所示。下面设置纯色图层的颜色。

03 单击"颜色"按钮，打开"纯色"对话框，如图 6-47 所示。

图 6-46 设置大小

图 6-47 单击"颜色"按钮

04 设置颜色,颜色参数为(R=114,G=200,B=183),单击"确定"按钮,如图 6-48 所示。

05 在"纯色设置"对话框中,单击"确定"按钮,执行纯色设置,如图 6-49 所示。

图 6-48 设置颜色

图 6-49 执行纯色设置

06 将新建的纯色图层移动至最底层,如图 6-50 所示。这样纯色背景便已制作完成。

07 使用"钢笔工具"。单击工具栏中的"钢笔工具",绘制路径如图 6-51 所示。接下来,调整填充颜色。

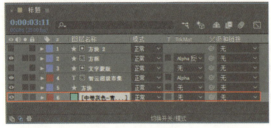
图 6-50 移动图层

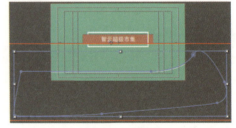
图 6-51 绘制路径

08 在工具栏中单击"颜色填充"按钮,打开"形状填充颜色"对话框,设置颜色为绿色,颜色参数为(R=255, G=0, B=255),单击"确定"按钮,如图 6-52 所示。接下来,设置描边像素。

09 在工具栏中将描边像素设置为"13 像素",使边线加宽。不需要修改颜色。接下来,便可以制作动画了。

10 选择"锚点工具",将锚点移动至如图 6-53 所示的位置,以方便后面的动画制作。

图 6-52 设置填充颜色

图 6-53 移动锚点

11 将绘制了路径的图层名称重命名为"下边框"。

12 展开其"旋转"属性。按快捷键 <R> 将其"旋转"属性展开。在第 31 帧,单击旋转左侧的"关键帧记录器"按钮,为"旋转"添加一个关键帧,并将"旋转"数值设置为"0x-60.0°"。如图 6-54 所示。

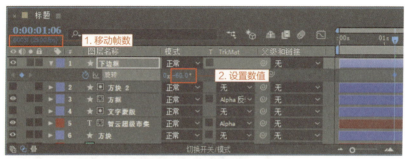

图 6-54 设置"旋转"数值（1）

13 在第 47 帧,将"旋转"数值设置为"0x+0.0°",如图 6-55 所示。接下来为动画添加缓动效果。

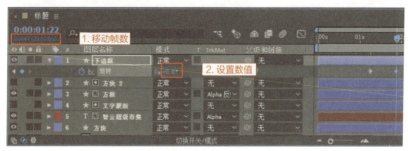

图 6-55 设置"旋转"数值（2）

14 选择所有的"位置"关键帧,按快捷键 <F9> 添加缓动,并调整缓动曲线,单击"图表编辑器"按钮,打开缓动编辑面板,调整曲线如图 6-56 所示。使动画节奏先快后慢。这样"下边框"的动画便已制作完成。

图 6-56 调整缓动曲线

6.2.7 添加圆形动画效果

圆形动画是通过动画预设效果实现的。下面，具体讲解如何实现动画预设效果。

01 在菜单栏中选择"窗口"→"扩展"→"AEViewerBP"选项，如图 6-57 所示。

图 6-57 打开预设

> 提示："AEViewerBP"不是 After Effects 软件自带的，需另行安装。

02 单击"cancel"按钮，弹出"AEViewerBP"窗口，在该窗口中有很多预设选项，每个预设选项都可以单击查看里面的预设效果，如图 6-58 所示。

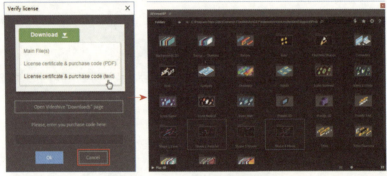

图 6-58 "AEViewerBP"窗口

03 需要添加"Shape 4 Mixed"预设选项下的预设效果。双击"Shape 4 Mixed"预设选项，如图 6-59 所示。

04 进入"Shape 4 Mixed"子窗口后，可以看到里面有许多预设效果，这些效果也可以自己制作，但是会比较耗费时间，所以使用预设的好处是可以节省时间，如图 6-60 所示。

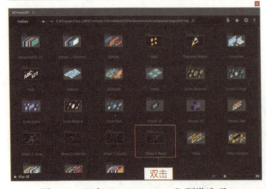

图 6-59 双击"Shape 4 Mixed"预设选项

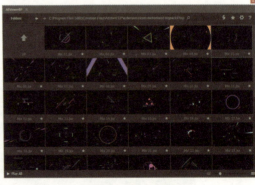

图 6-60 预设效果展示

05 查看所有效果。单击"Play All"按钮，如图 6-61 所示。

06 通过查看效果，需要运用第 5 个效果。选择第 5 个效果"右击"，在弹出的菜单中选择"Import and Add"选项，如图 6-62 所示。

图 6-61　查看所有效果

图 6-62　插入效果

07 单击右上角的"关闭"按钮，关闭"AEViewerBP"窗口。添加完成后，在时间轴面板中会自动添加一个合成，将预设的动画加载进来，如图 6-63 所示。

图 6-63　添加后的效果

08 将预设效果移动到背景层的上一层，不要遮挡主标题动画，如图 6-64 所示。

图 6-64　移动图层

09 效果展示，如图 6-65 所示。接下来添加副标题动画。

图 6-65　效果展示

6.2.8 添加副标题动画效果

副标题也是通过动画预设效果实现的,下面再次打开预设,选择预设效果。

01 选择"AEViewerBP"选项,进入其内部,需要添加"Badges"预设选项下的预设效果。双击"Badges"预设选项,如图6-66所示。

02 查看所有效果。单击"Play All"按钮,通过查看效果,需要运用第4个效果"Badges 04.aep",如图6-67所示。下面,添加该效果。

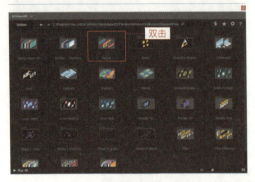 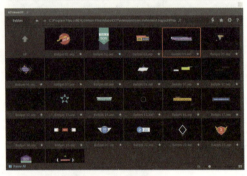

图6-66 "AEViewerBP"窗口　　　　　图6-67 查看所有效果

03 可以看到该文件的后缀名是"aep",说明是After Effects文件,按照右击导入的方法无法导入文件中,所以需要另外一种方式导入。

04 单击该文件选择文件路径,按组合键<Ctrl+C>复制,如图6-68所示。

05 单击"关闭"按钮,关闭"AEViewerBP"窗口,如图6-69所示。

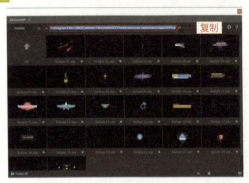 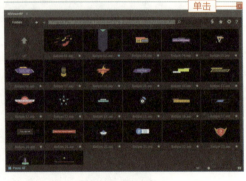

图6-68 复制路径　　　　　　　　图6-69 关闭窗口

06 导入文件。选择"文件"→"导入"→"文件",或者按组合键<Ctrl+I>打开"导入文件"对话框,如图6-70所示。

07 按组合键<Ctrl+V>粘贴路径,按<Enter>键找到路径,如图6-71所示。

08 执行导入。选择"Badges 04.aep",单击"导入"按钮,将文件导入至软件中,如图6-72所示。

09 导入之后会出现一个"解析字体"对话框,直接单击"取消"按钮即可。

10 展开文件夹,选择第1个合成,如图6-73所示。接下来,将合成拖动至时间轴面板,并对其进行各项设置。

图 6-70 导入文件

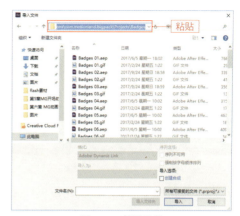

图 6-71 粘贴路径

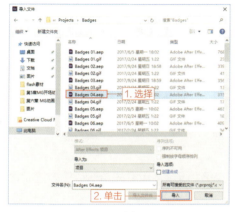

图 6-72 执行导入

图 6-73 展开文件夹

11 拖动"Badges 04"合成至时间轴面板。拖入之后合成位于合成窗口的中心,这样遮挡了主标题,如图 6-74 所示。下面调整"Badges 04"合成的位置和大小。

12 设置大小。按快捷键<S>,将合成的"缩放"属性展开,设置其"缩放"数值,如图 6-75 所示,使其比主标题小。接下来,设置位置。

图 6-74 效果展示

13 设置位置。按快捷键<P>,将合成的"位置"属性展开,设置其"位置"数值,如图 6-76 所示,使其位于主标题下方。接下来,调整出现时间。

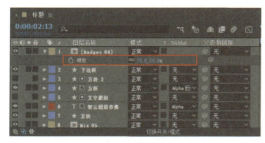

图 6-75 设置大小

图 6-76 设置位置

14 副标题的出现时间应该比主标题的出现时间晚,所以将"Badges 04"合成的时间条向后移动,如图 6-77 所示。接下来，将合成文字修改为需要的文字。

15 双击"Badges 04"合成，进入其内部，如图 6-78 所示。

图 6-77　移动时间条

图 6-78　打开合成

16 在合成内部有 3 个图层，第 1 层为控制器图层，主要控制方块的颜色；第 2 层为文字图层；第三层为动画图层，如图 6-79 所示。下面，先修改文字图层中的文字。

17 双击文字图层，选择文字，进行修改，如图 6-80 所示。接下来，修改方块的颜色。

图 6-79　认识图层

图 6-80　修改文字

18 选择控制器图层，打开"效果控件"面板，如图 6-81 所示。需要先查看 AE 表达式再修改方块颜色。

19 选择控制器图层，连续按两次快捷键 <U>，将其 AE 表达式打开，如图 6-82 所示。

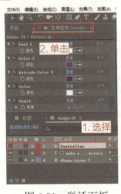

图 6-81　激活面板

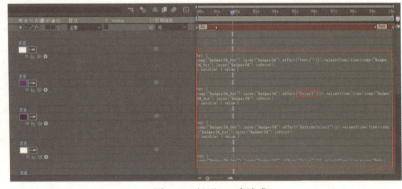

图 6-82　打开 AE 表达式

20 现在的 AE 表达式都是英文版，但软件是中文版，这样会出现 AE 表达式不能正确表达其意思，如果要修改方块的颜色，就必须先把英文"Color"改成中文"颜色"。

21 修改 AE 表达式。将"Color"改成中文"颜色"如图 6-83 所示。

22 下面调整颜色。只需要修改框选的颜色，如图 6-84 所示。接下来，打开"颜色"对话框。

23 单击"颜色"按钮，如图 6-85 所示。

24 在"颜色"对话框中设置颜色为蓝色，颜色参数为（R=0，G=132，B=255），单击"确定"按钮，如图 6-86 所示。接下来，修改另外一个方块的颜色。

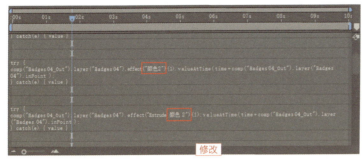
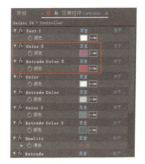

图 6-83 修改 AE 表达式（1）　　　　　　　　图 6-84 修改 AE 表达式（2）

图 6-85 单击颜色按钮　　　　　　　　图 6-86 设置颜色为蓝色

25 同理，单击"颜色"按钮，如图 6-87 所示。

26 在"颜色"对话框中设置颜色为紫色，颜色参数为（R=82，G=24，B=119），单击"确定"按钮，如图 6-88 所示。

图 6-87 单击颜色按钮（2）　　　　　　　　图 6-88 设置颜色为紫色

27 单击"标题"合成，查看效果，如图 6-89 所示。

图 6-89 单击"标题"合成

28 效果展示，如图6-90所示。至此，标题动画便已全部制作完成，接下来制作第2部分动画。

  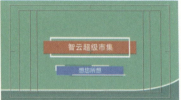

图6-90　效果展示

6.3 制作第2部分动画

第2部分的动画，即商品展示动画。下面开始具体的制作吧。

6.3.1 调整图层

01 首先，选中"标题"动画，按组合键<Ctrl+D>复制出一个，如图6-91所示。因为第2部分动画与标题动画有一部分是通用的，所以可以选择复制出的合成，将没有用的图层删除，将通用的部分保留即可。

02 重命名图层。按<Enter>键重命名复制出的合成为"第2部分"，如图6-92所示。

图6-91　复制合成　　　　　　　　　图6-92　重命名合成

03 双击"第2部分"合成，进入其内部，如图6-93所示。接下来，删除无用图层。

04 将第2部分不会用到的图层删除，留下背景图层和下边框动画，如图6-94所示。接下来，对颜色进行调整。

图6-93　进入合成　　　　　　　　　图6-94　删除图层

05 调整背景图层颜色。选中背景图层,按组合键 <Ctrl+Shift+Y> 打开"纯色设置"对话框,如图 6-95 所示。

06 单击"颜色"按钮,如图 6-96 所示。

图 6-95 打开"纯色设置"对话框

图 6-96 单击"颜色"按钮

07 在"纯色"对话框中设置颜色为红色,颜色参数为(R=228,G=51,B=85),单击"确定"按钮,如图 6-97 所示。

08 在"纯色设置"对话框,单击"新建"按钮,执行纯色设置,如图 6-98 所示。接下来,调整下边框的颜色。

图 6-97 设置颜色为红色

图 6-98 执行纯色设置

09 选择"下边框"图层,单击工具栏中"颜色填充"按钮,打开"形状填充颜色"对话框,如图 6-99 所示。

10 将颜色设置为深红色,颜色参数为(R=98,G=5,B=20),单击"确定"按钮,如图 6-100 所示。

图 6-99 打开"形状填充颜色"对话框

图 6-100 设置颜色为深红色

11 效果展示。此时，背景图层和下边框图层的颜色已调整完成，如图 6-101 所示。接下来制作产品展示边框动画。

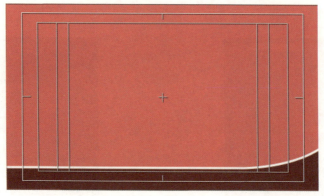

图 6-101　效果展示

6.3.2　制作产品展示边框动画

背景效果调整完成后，下面开始制作动画效果，首先制作产品展示边框动画。

01 选择"矩形工具"，绘制矩形，如图 6-102 所示，该矩形框的主要作用是放置产品图片。接下来，设置矩形框的描边颜色和填充颜色。

02 首先设置描边颜色，按住 <Alt> 键单击工具栏中"描边类型选项"按钮，打开"形状描边颜色"对话框，设置描边颜色为白色，颜色参数为（R=255，G=255，B=255），单击"确定"按钮，如图 6-103 所示。

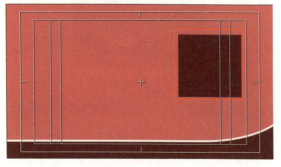

图 6-102　绘制方框

图 6-103　设置描边颜色

03 不需要为矩形框填充颜色，所以按住 <Alt> 键，单击"填充类型选项"按钮，将其关闭。接下来，设置描边像素。

04 将描边像素设置为"14 像素"。矩形框设置完成后，调整矩形框的位置。

05 选择矩形框图层，按 <Enter> 键，进入名称修改模式，修改图层名称为"方框"。按键盘上的<↑><↓><←><→>键，调整"方框"的位置，如图 6-104 所示。也可以通过调整其"位置"属性来调整位置，只不过通过键盘调整，效果更加直观。接下来，设置边框动画。

06 展开图层"缩放"属性，按快捷键 <S> 将"缩放"属性展开。在第 0 帧，单击"缩放"属性左侧的"关键帧记录器"按钮，调整数值如图 6-105 所示。

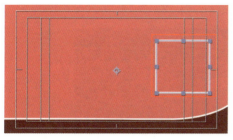
图 6-104 调整位置

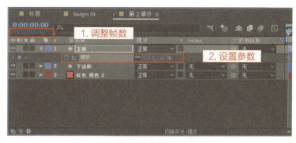
图 6-105 调整"缩放"参数（1）

07 在第 20 帧，设置属性数值如图 6-106 所示。接下来，为关键帧添加缓动效果，使动画更加细腻真实。

08 调整缓动曲线，选择所有的"位置"关键帧，先按快捷键 <F9> 添加缓动，再单击"图表编辑器"按钮，打开缓动编辑面板，调整曲线如图 6-107 所示。使动画节奏先快后慢。接下来制作位置动画。

图 6-106 调整"缩放"参数（2）

图 6-107 调整缓动曲线

09 选中"方框"图层，按组合键 <Shift+P> 同时展开"位置"属性，如图 6-108 所示。

10 在制作位置动画前，选择"锚点工具"，或者按快捷键 <Y>，将锚点移动在"方框"居中位置。如图 6-109 所示。

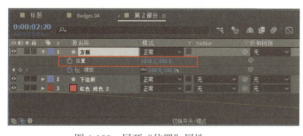
图 6-108 展开"位置"属性

图 6-109 设置锚点

11 在第 4 帧，单击"位置"属性左侧的"关键帧记录器"按钮，调整数值如图 6-110 所示。

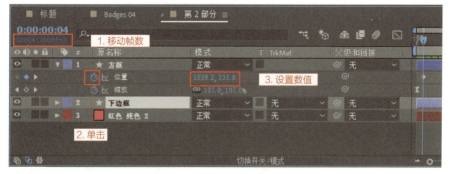
图 6-110 调整"位置"数值（1）

12 在第 49 帧，调整"位置"数值如图 6-111 所示。

图 6-111　调整"位置"数值（2）

13 添加缓动。选择所有的"位置"关键帧，按快捷键 <F9> 为其添加缓动，再打开缓动编辑面板，调整曲线如图 6-112 所示。至此，产品展示边框动画便已制作完成。

图 6-112　调整缓动曲线

6.3.3　导入并制作产品图片动画

"方框"动画制作完成后，将产品图片导入到 After Effects 软件中。

01 选择菜单栏"文件"→"导入"→"文件"选项，或者按组合键 <Ctrl+I> 打开"导入文件"对话框。如图 6-113 所示。

02 找到素材的存放目录，选择要导入的文件，单击"导入"按钮，如图 6-114 所示。这里为了减少反复繁琐的操作，将两个产品图片全部导入进来。

图 6-113　导入文件

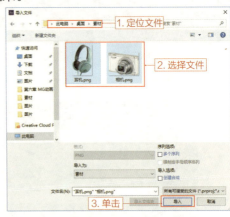

图 6-114　执行导入

03 这样，产品的图片素材便导入到了项目面板中，如图 6-115 所示。

04 将导入至项目面板的耳机图片拖动入时间轴面板中，如图 6-116 所示。

图 6-115 效果展示

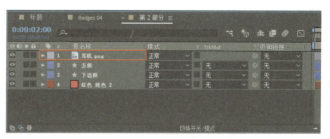

图 6-116 拖入时间轴

05 调整耳机图片的尺寸。按快捷键 <S>，展开其"缩放"属性，调整数值，将耳机图片调整至合适的大小，如图 6-117 所示。

06 调整键盘上的 <↑><↓><←><→> 键调整图片的位置，或按快捷键 <P>，展开其"位置"属性，调整数值，将耳机图片调整至合适的位置，如图 6-118 所示。图片位置调整完成后，下面开始制作产品图片动画。

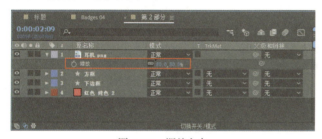

图 6-117 调整大小

图 6-118 调整位置

07 产品图片动画是由位置动画和缩放动画组成，所以先将其"缩放"属性按快捷键 <S> 展开，然后再按组合键 <Shift+P> 展开"位置"属性，如图 6-119 所示。

08 首先制作缩放动画，在第 0 帧，单击"缩放"属性左侧的"关键帧记录器"按钮，添加缩放开始关键帧，如图 6-120 所示。

图 6-119 调出属性

图 6-120 添加关键帧

09 在第 20 帧，调整"缩放"数值如图 6-121 所示。接下来，添加关键帧缓动。

图 6-121 调整"缩放"数值

10 选择所有的关键帧并右击。选择"缓动"选项，添加缓动效果，也可以选择所有的关键帧，按快捷键<F9>为其添加缓动。缓动添加后，单击"图表编辑器"按钮■，打开缓动编辑面板，调整曲线如图6-122所示。接下来，制作位置动画。

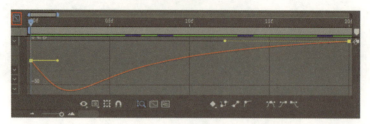

图6-122　调整缓动

11 在第4帧，单击"位置"属性左侧的"关键帧记录器"按钮■，添加位置开始关键帧，如图6-123所示。

图6-123　添加关键帧

12 在第49帧，调整"位置"数值如图6-124所示。接下来为其添加缓动。

图6-124　调整"位置"数值

13 选择所有的关键帧，按快捷键<F9>为其添加缓动，再单击"图表编辑器"按钮■，打开缓动编辑面板，调整曲线，如图6-125所示。接下来，将"耳机"图层复制出一层。

图6-125　调整缓动曲线

14 复制出一耳机图层，按组合键<Ctrl+D>进行操作，如图6-126所示。

图 6-126 复制图层

15 将复制出的耳机图层拖动至"方框"图层之下,如图 6-127 所示。

16 图片动画开始时,耳机处于方框下方,动画结束后耳机处于方框上方,所以需要对第 1 个耳机图层添加蒙版,使耳机在刚开始时处于方框下方。

17 选择"钢笔"工具 ,在第 0 帧,绘制蒙版,如图 6-128 所示。绘制蒙版后,就只对蒙版区域的图片可见。

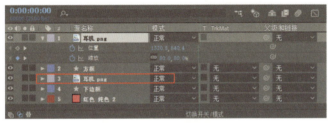 

图 6-127 移动图层　　　　　　　　图 6-128 绘制蒙版

18 效果展示。至此,产品图片动画便已制作完成,预览动画效果,如图 6-129 所示。

图 6-129 效果展示

6.3.4 制作介绍文字动画

01 选择"文字工具" ,在合成窗口中输入"耳机"文本,如图 6-130 所示。

02 调整文本的字体,以及大小,如图 6-131 所示。接下来,制作文字缩放动画

图 6-130 输入文字　　　　　　　　图 6-131 调整文本

03 按快捷键 <S>,将文本"缩放"属性展开,在第 28 帧,单击"缩放"左侧的"关键帧记录器"按钮 ,并调整数值如图 6-132 所示。

图 6-132 添加开始关键帧

04 在第 48 帧，调整数值为"100.0，100.0%"，添加结束关键帧如图 6-133 所示，这样缩放动画便已制作完成。接下来，为其添加一个缓动。

图 6-133 添加结束关键帧

05 选择所有的"缩放"关键帧，按快捷键 <F9>，为其添加缓动，再单击"图表编辑器"按钮，打开缓动编辑面板，调整曲线，如图 6-134 所示。接下来，添加"耳机"文字前面的文字。

06 长按"矩形工具"，打开矩形工具子菜单，选择"圆角矩形工具"，如图 6-135 所示。

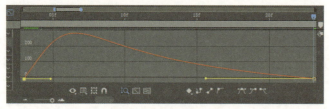
图 6-134 调整缓动

图 6-135 选择"圆角矩形工具"

07 绘制圆角矩形，绘制圆角矩形时不要选中任何图层，如图 6-136 所示。接下来，将描边去除，填充颜色。

08 不需要为圆角矩形添加描边效果，所以按住 <Alt> 键单击"描边类型选项"按钮，将其关闭。接下来，设置填充颜色。

09 按住 <Alt> 键，单击工具栏中"填充类型选项"按钮，将其转换为"颜色填充"。

10 然后单击"颜色填充"按钮，打开"形状填充颜色"对话框，并设置颜色为黄色，颜色参数为（R=255，G=255，B=0），单击"确定"按钮，如图 6-137 所示。接下来，调整位置。

图 6-136 绘制矩形

图 6-137 设置颜色

11 现在文字和圆角矩形位置偏左，选择文字和圆角矩形图层，按键盘上的＜↑＞＜↓＞＜←＞＜→＞键调整位置，如图6-138所示。或者展开"位置"属性进行位置调整。接下来，制作动画。

12 按快捷键＜P＞，展开"位置"属性，在第35帧，单击"位置"左侧的"关键帧记录器"按钮，如图6-139所示。

图6-138 调整位置

图6-139 添加结束关键帧

13 在第10帧，调整数值为如图6-140所示，添加开始关键帧，这样位置动画便已制作完成。接下来，为其添加缓动。

图6-140 添加开始关键帧

14 按快捷键＜F9＞，为其添加缓动，再单击"图表编辑器"按钮，打开缓动编辑面板，调整曲线，如图6-141所示。接下来，添加圆角矩形内部文字。

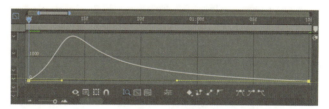

图6-141 调整缓动

> **提示** 先添加结束关键帧再添加开始关键帧，这样可以省去一些重复的数值调整，使工作效率提升。

15 选择"文字工具"，添加文本"智能"，如图6-142所示。

16 调整文字位置，按快捷键＜P＞，将文字"位置"属性展开，调整其位置如图6-143所示。接下来，为文字添加遮罩，使文字在进行动画时只出现在圆角矩形框中。

图6-142 添加文本

图6-143 调整位置

17 选择"形状图层1",选择"无"→"Alpha反转遮罩'智能'"选项,如图6-144所示。接下来,制作文字动画。

图6-144 添加遮罩

18 在第61帧,单击"位置"属性左侧的"关键帧记录器"按钮,为其添加一个关键帧,如图6-145所示。

图6-145 添加开始关键帧

19 在第44帧,调整数值,添加结束关键帧如图6-146所示。接下来,添加缓动。

20 选择所有的关键帧,按快捷键<F9>添加缓动。至此,动画便已制作完成。接下来,添加价格文字。

21 选择"文字工具" ,输入文字,如图6-147所示。

图6-146 添加结束关键帧

图6-147 添加文本

22 设置文字的字体,以及大小,如图6-148所示。接下来调整文字的颜色。

23 将字母"RMB"的颜色改为白色。选择字母,单击"颜色填充"按钮,如图6-149所示。

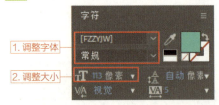

图6-148 设置文本

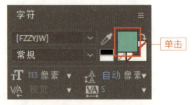

图6-149 单击颜色面板按钮

24 设置颜色为白色,颜色参数为(R=255,G=255,B=255),单击"确定"按钮,如图6-150所示。接下来,制作价格文字动画。

25 按快捷键 <P>，将文字"位置"属性展开，在第 76 帧，单击位置属性左侧的"关键帧记录器"按钮，添加结束关键帧，如图 6-151 所示。

图 6-150　设置颜色

图 6-151　添加结束关键帧

26 在第 49 帧，调整"位置"数值，添加开始关键帧，如图 6-152 所示。下面，添加缓动。

图 6-152　添加开始关键帧

27 选中所有的"位置"关键帧，按快捷键 <F9> 将关键帧转换为缓动关键帧，再选择所有的关键帧，单击"图表编辑器"按钮，打开缓动编辑面板，调整曲线，如图 6-153 所示。接下来，添加广告文字。

图 6-153　调整缓动

6.3.5　添加广告文字

广告文字动画依然用到的是动画预设效果。下面，开始制作吧。

01 在菜单栏中选择"窗口"→"扩展"→"AEViewerBP"选项。

02 需要添加"Titles"预设选项下的预设效果，双击"Titles"预设选项，如图 6-154 所示。

03 查看所有效果。单击"Play All"按钮，通过查看效果，需要运用第 67 个效果"Titles 067.aep"，如图 6-155 所示。下面，添加该效果。

图 6-154　双击"Titles"预设选项

图 6-155　查看所有效果

04 可以看到该文件的后缀名是"aep",说明也是 After Effects 文件。单击该文件选择文件路径,按组合键 <Ctrl+C> 复制,如图 6-156 所示。

05 复制路径成功后,单击"关闭"按钮关闭预设窗口。

06 导入文件。选择"文件"→"导入"→"文件",或者按组合键 <Ctrl+I> 打开"导入文件"对话框,如图 6-157 所示。

图 6-156 复制路径

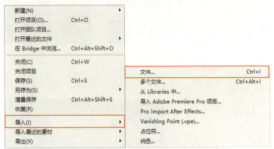
图 6-157 导入文件

07 按组合键 <Ctrl+V> 粘贴路径,按 <Enter> 键找到路径,如图 6-158 所示。

08 执行导入。选择"Titles 067.aep",单击"导入"按钮,将文件导入至软件中,如图 6-159 所示。

图 6-158 粘贴路径

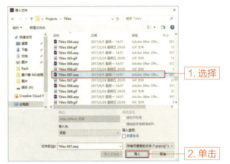
图 6-159 执行导入

09 导入之后会出现一个"解析字体"对话框,直接单击"取消"按钮即可,如图 6-160 所示。

10 展开文件夹,选择第 1 个合成,如图 6-161 所示。接下来,将合成拖动至时间轴面板,并对其进行各项设置。

图 6-160 单击"取消"按钮

图 6-161 展开文件夹

11 拖动"Titles 067"合成至时间轴面板,如图 6-162 所示。下面预览拖入之后的效果。

12 效果展示,拖入之后,此合成位于合成窗口的中心,如图 6-163 所示。下面调整"Titles

067"合成的位置。

图6-162 拖入合成

图6-163 效果展示

13 调整键盘上的<↑><↓><←><→>键,将文字移动至合适的位置,如图6-164所示。

14 接下来,双击"Titles 067"合成进入合成内部,修改文字。

15 进入合成内部后,双击黄色文字,进入修改状态,如图6-165所示。

图6-164 调整位置

图6-165 进入修改状态

16 将文字修改为"智能",如图6-166所示。接下来,返回"第2部分"合成。

17 单击"第2部分"合成,进入第2部分。如图6-167所示。

图6-166 修改文字

图6-167 返回合成

18 调整时间条的位置,将时间条的位置往后调整,调整到第76帧,介绍文字动画完成之后,如图6-168所示。接下来,添加右边的条幅广告动画。

图6-168 调整时间轴

6.3.6 添加条幅广告动画

01 选择"AEViewerBP"选项,进入其内部,需要添加"Badges"预设选项下的预设效果,所以双击"Badges"预设选项,如图6-169所示。

02 查看效果，需要运用第 2 个效果 "Badges 02.aep"，如图 6-170 所示。下面，添加该效果。

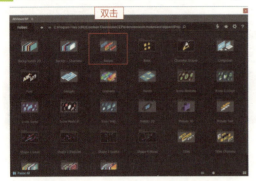
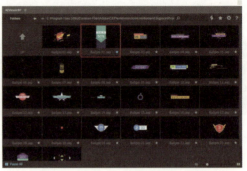

图 6-169 双击 "Badges" 预设选项　　　　　　图 6-170 查看效果

03 可以看到该文件的后缀名是 "aep"，说明也是 After Effects 文件。单击该文件选择文件路径，按组合键 <Ctrl+C> 复制，如图 6-171 所示。

04 复制路径成功后，单击 "关闭" 按钮关闭预设窗口。

05 导入文件。选择 "文件" → "导入" → "文件" 或者按组合键 <Ctrl+I> 打开 "导入文件" 对话框，如图 6-172 所示。

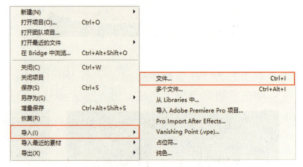

图 6-171 复制路径　　　　　　　　　　　图 6-172 导入文件

06 按组合键 <Ctrl+V> 粘贴路径，按 <Enter> 键找到路径，如图 6-173 所示。

07 执行导入。选择 "Badges 02.aep"，单击 "导入" 按钮，将文件导入至软件中，如图 6-174 所示。

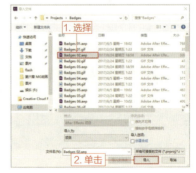

图 6-173 粘贴路径　　　　　　　　　　　图 6-174 执行导入

08 导入之后会出现一个 "解析字体" 对话框，直接单击 "取消" 按钮。展开文件夹，选择第 1 个合成，拖动 "Badges 02" 合成至时间轴面板，如图 6-175 所示。下面预览拖入之后的效果。

09 效果展示，拖入之后，此合成位于合成窗口的中心，如图 6-176 所示。下面调整 "Badges

02"合成的位置。

图 6-175　拖入合成

图 6-176　效果展示

10 按快捷键 <S>，将条幅的"缩放"属性展开，调整数值，如图 6-177 所示。

11 调整位置，按快捷键 <P>，将其"位置"属性展开，调整其"位置"数值，如图 6-178 所示。下面调整其开始时间。

图 6-177　调整大小

图 6-178　调整位置

12 将时间条向后移动至第 85 帧位置，使其从第 85 帧开始播放，如图 6-179 所示。

图 6-179　调整时间轴

13 效果展示如图 6-180 所示。至此，第 2 部分就全部制作完成。接下来开始第 3 部分的制作。

图 6-180　效果展示

6.4　制作第 3 部分动画

第 3 部分动画与第 1 部分动画的动画方式基本相同，只是里面的图片和一些小的动画元素有所区别，下面讲解具体的制作步骤。

6.4.1 替换图片

01 在项目面板中，选择"第2部分"合成，按组合键 <Ctrl+D> 将其复制出一层。接着，选择复制出的图层，按 <Enter> 键，进入合成的重命名状态，将其重命名为"第3部分"如图 6-181 所示。接下来，打开"第3部分"合成。

02 双击"第3部分"合成，将其打开，接下来替换素材图片。

03 先在时间轴面板中选中"耳机"图片，再在项目面板中选择"相机"图片。按住 <Alt> 键将"相机"图片拖动到"耳机"图片中，两个图片都需要替换。这样，就可以快速地将图片进行替换，而不需要重新做动画，如图 6-182 所示。图片与方框的比例不合适，接下来调整图片的位置和大小。

图 6-181　重命名图层

图 6-182　替换图片

04 调整"相机"图片的大小，选择两个"相机"图层。按快捷键 <S>，将其"缩放"属性展开，如图 6-183 所示。

05 先调整开始关键帧的数值，在开始关键帧，并将其数值设置如图 6-184 所示，使其稍微变大即可。

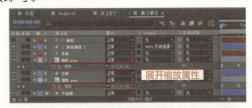

图 6-183　展开缩放属性

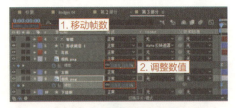

图 6-184　调整开始关键帧

06 在第20帧，即结束关键帧处，调整其数值如图 6-185 所示。

07 按快捷键 <P>，将两个"相机"图层的"位置"属性展开，接下来调整其"位置"属性。

08 在第49帧，然后按住 <Ctrl> 键，用鼠标选择两个图层的"位置"属性，将其关键帧全部选中，再调整其数值如图 6-186 所示。

图 6-185　调整结束关键帧

图 6-186　调整"位置"属性

09 调整相机蒙版，因为现在蒙版不能将相机遮罩在方框之下，所以选择添加了蒙版的"相机"图层，双击蒙版，调整其大小如图 6-187 所示。这样，图片效果便已调整完成。接下来，调整背景颜色。

图 6-187　调整蒙版

6.4.2 调整背景颜色

01 选中红色背景图层，按组合键 <Ctrl+Shift+Y> 打开"纯色"设置对话框，单击"颜色"按钮，打开"纯色"对话框，如图 6-188 所示。

02 设置颜色为蓝色，颜色参数为（R=69, G=151, B=233），单击"确定"按钮，如图 6-189 所示。

03 在"纯色设置"对话框，单击"新建"按钮，执行纯色设置，如图 6-190 所示。接下来，调整下边框的颜色。

图 6-188　打开"纯色设置"对话框　　图 6-189　设置颜色为蓝色　　图 6-190　执行纯色设置

04 选择"下边框"图层，单击"颜色填充"按钮，打开"形状填充颜色"对话框，将颜色设置为深蓝色，颜色参数为（R=47, G=29, B=126），单击"确定"按钮，如图 6-191 所示。

05 效果展示。这样背景图层和"下边框"图层的颜色便已调整完成，如图 6-192 所示。接下来，删除画面中不会用到的动画。

图 6-191　设置颜色为深蓝色　　　　　　图 6-192　效果展示

6.4.3 调整动画

01 将预设的两个动画效果删除。选择两个图层按 <Delete> 键将其删除，如图 6-193 所示。之后再添加另外的预设动画效果。下面，先修改文字信息。

02 选择"耳机"图层，将"耳机"文本修改为"相机"，将"智能"修改为"百变"，将"99"修改为"399"如图 6-194 所示。

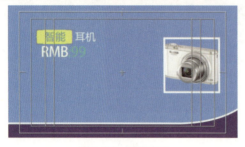
图 6-193　删除动画

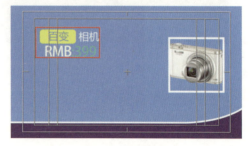
图 6-194　修改文本

03 调整"399"的颜色。选中"399"以及数字前面的冒号，单击字符面板中的"颜色填充"按钮，如图 6-195 所示。

04 将颜色调整为深蓝色，颜色参考数值（R=47，G=29，B=126），单击"确定"按钮，如图 6-196 所示。接下来添加预设动画。

图 6-195　激活面板

图 6-196　设置颜色

05 选择"AEViewerBP"选项，进入其内部，需要添加"Titles"预设选项下的预设效果，所以双击"Titles"预设选项，如图 6-197 所示。

06 查看效果，需要运用第 76 个效果"Titles 076.aep"，如图 6-198 所示。下面添加该效果。

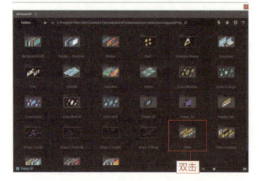
图 6-197　双击"Titles"预设选项

图 6-198　查看效果

07 可以看到该文件的后缀名是"aep",是 After Effects 文件。单击该文件选择文件路径,按组合键 <Ctrl+C> 复制,如图 6-199 所示。

08 复制路径成功后,单击"关闭"按钮关闭预设窗口。

09 导入文件。选择"文件"→"导入"→"文件"或者按组合键 <Ctrl+I> 打开"导入文件"对话框,按组合键 <Ctrl+V> 粘贴路径,按 <Enter> 键找到路径,如图 6-200 所示。

图 6-199　关闭窗口

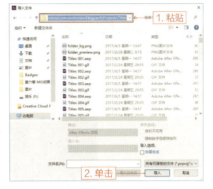

图 6-200　粘贴路径

10 执行导入。选择"Titles 076.aep",单击"导入"按钮,将文件导入至软件中,如图 6-201 所示。

11 导入之后会出现一个"解析字体"对话框,直接单击"取消"按钮即可,展开文件夹,选择"Titles 076"合成,如图 6-202 所示。接下来,将合成拖动至时间轴面板,并对其进行各项设置。拖动"Titles 076"合成"Titles 076"合成至时间轴面板,如图 6-203 所示。下面预览拖入之后的效果。

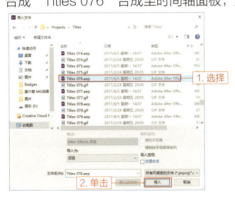

图 6-201　执行导入

图 6-202　导入合成

12 效果展示,拖入之后可以看到动画尺寸太大,如图 6-203 所示。下面调整"Titles 076"合成的位置及大小。

13 按快捷键 <S>,将"缩放"属性展开,调整其数值如图 6-204 所示。

图 6-203　效果展示

图 6-204　调整大小

14 调整位置,按快捷键 <P>,将其"位置"属性展开,调整"位置"数值如图 6-205 所示。下面调整其开始时间。

15 将时间条向后移动至第 52 帧位置,使其从第 52 帧开始播放,如图 6-206 所示。下面,修改文字信息。

图 6-205 调整位置

图 6-206 调整时间轴

16 双击"Titles 076"图层,进入其内部,修改文字如图 6-207 所示。下面,返回"第 3 部分"合成。

图 6-207 修改文字

17 单击"第 3 部分"返回"第 3 部分"合成。此时效果如图 6-208 所示。至此,第 3 部分动画就全部完成了。接下来,将所有的动画进行最后的合成。

图 6-208 效果展示

6.5 最终合成

将所有动画合成,形成一段完整的动画效果。

6.5.1 镜头合成

01 新建一个合成。按组合键 <Ctrl+N>,或者执行"合成"→"新建合成"菜单命令新建合成。

02 在"合成设置"对话框中,设置合成的名称、大小、帧速率和持续时间等详细参数,单击"确定"按钮,如图 6-209 所示。

03 将"标题"动画拖入时间轴面板,如图 6-210 所示。

第 6 章 MG 产品展示动画

图 6-209 新建合成

图 6-210 拖入合成

04 将"第 2 部分"合成拖入时间轴第 65 帧处，并将其合成放在"标题"合成的下方，即"标题"动画正好播放完的位置，如图 6-211 所示。接下来，制作一个位移动画。

图 6-211 拖入合成

> 提示：将"第 2 部分"合成放在"标题"合成的下方是为了后面的制作动画的需要。

05 选中两个图层，按快捷键<P>，将其"位置"属性展开，将时间条移动至第 66 帧处，如图 6-212 所示。

图 6-212 展开位置属性

06 新建开始关键帧。单击"位置"属性左侧"关键帧记录器"按钮，为其添加开始关键帧，如图 6-213 所示。接下来，制作"标题"出场"第 2 部分"入场的动画。

07 将"第 2 部分"数值调整如图 6-214 所示，使其开始时在画面之外，等到"标题"出画之后"第 2 部分"再入画。

图 6-213 添加开始关键帧

图 6-214 调整数值

08 在第 96 帧，选中两个图层，同时调整数值如图 6-215 所示。至此需要的动画效果已达到。接下来，添加缓动效果。

09 选中所有的关键帧，按快捷键<F9>为其添加缓动，如图 6-216 所示。接下来，拖入"第 3 部分"合成至时间轴面板。

163

图 6-215　调整数值（1）　　　　图 6-216　添加缓动

10 将"第 3 部分"合成拖动至时间轴第 207 帧处，如图 6-217 所示。

11 按快捷键 <P> 展开其"位置"属性，将其数值设置如图 6-218 所示。这里为"第 3 部分"动画制作一个从上入画的动画效果。

图 6-217　拖入时间轴　　　　图 6-218　调整数值（2）

12 添加"第 2 部分"关键帧。单击"关键帧记录器"前面的"在当前时间添加或移除关键帧"按钮，为其在当前帧添加关键帧，如图 6-219 所示。

13 单击"第 3 部分""位置"属性左侧"关键帧记录器"按钮，为其添加开始关键帧，如图 6-220 所示。

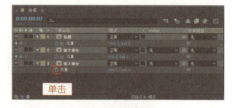

图 6-219　添加关键帧（1）　　　　图 6-220　添加关键帧（2）

14 在第 241 帧处，选中两个图层，调整数值如图 6-221 所示。

15 按快捷键 <F9> 为"第 3 部分"关键帧添加缓动效果，如图 6-222 所示。至此，镜头合成便已制作完成。接下来，预览动画效果。

图 6-221　调整数值（3）　　　　图 6-222　添加缓动

16 效果如图 6-223 所示。至此镜头的合成动画便已制作完成。接下来为动画添加两个手势动画。

图 6-223　效果展示

6.5.2 添加手势动画

手势动画也是通过动画预设效果实现的,对于现有的镜头动画,添加手势动画可以将各个镜头衔接,使动画之间更加紧密、自然。下面具体讲解制作步骤。

01 选择"AEViewerBP"选项,进入其内部,需要添加"Hands"预设选项下的预设效果,所以双击"Hands"预设选项,如图6-224所示。

02 查看效果,需要运用从右往左滑动的手势动画效果"Hands 03-3.jxs",如图6-225所示。

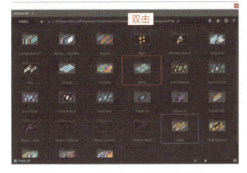

图6-224 双击"Hands"预设选项

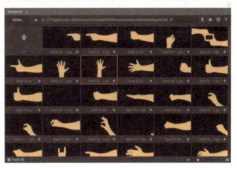

图6-225 查看效果

03 这个效果的后缀是"jxs",可以直接运用,选择"Hands 03-3.jxs"效果,右击,在弹出的菜单中选择"Import and Add"选项,如图6-226所示。

04 单击"关闭"按钮,关闭预设窗口,如图6-227所示。

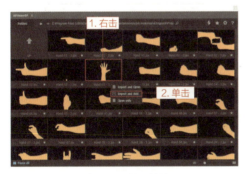

图6-226 插入效果

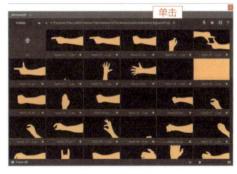

图6-227 关闭窗口

05 动画加载进来之后是两个图层,可以将第1个无用的形状图层按<Delete>键删除,如图6-228所示。

06 将手势动画向后拖动至合适的位置,如图6-229所示。同样,在下一个转场动画处添加第2个手势动画。

图6-228 删除图层

图6-229 移动位置

07 选择"AEViewerBP"选项，进入其内部，添加"Hands"预设选项下的预设效果，这次需要运用从上往下滑动的手势动画效果"Hands 11-3.jxs"，如图 6-230 所示。下面，添加该效果。

08 选择"Hands 11-3.jxs"效果，右击，在弹出的菜单中选择"Import and Add"选项如图 6-231 所示。然后，单击"关闭"按钮，关闭预设窗口。

 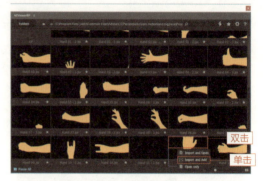

图 6-230　查看效果　　　　　　　　　图 6-231　插入效果

09 将第 1 个无用的形状图层按 <Delete> 键删除。将手势动画向后拖动至合适的位置，如图 6-232 所示。

图 6-232　移动位置

10 至此，具有 MG 动画风格的产品展示动画便已制作完成，最终效果如图 6-233 所示。

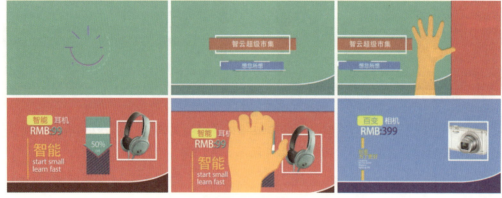

图 6-233　最终效果

第 7 章
趣味 LOGO 动画

本章给大家带来的是利用 After Effects 与 Cinema 4D 相结合制作的 MG 动画的 LOGO 案例。近几年，MG 动画在各个方面都有很广泛的应用，本章所展现的案例采用的是电视台比较常用的一种轻快的动画表现方式。本案例的学习具有较大的实用价值。

7.1 动画分析

该案例主要是纸片围绕 LOGO 飞舞、下降之后变成另外一个 LOGO 的动画。

- 第 1 部分：时间为 2.5s，即第 1 个 LOGO 动画。纸片从外入画飞至 LOGO 周围，并且伴随着一些其他的效果，如图 7-1 所示。

图 7-1 第 1 部分效果

- 第 2 部分：时间为大概为 2.5s，当 1 纸片从上而下穿过 LOGO 时，该 LOGO 变换形态成为另外一个样式，背景颜色从蓝变黄，并且 LOGO 底部的文字也相继出现，如图 7-2 所示。

图 7-2 第 2 部分效果

7.2 制作飞舞纸片动画

在 Cinema 4D 中创建纸片的模型。

7.2.1 创建纸片

01 启动 Cinema 4D 软件，在工具栏中长按"立方体"按钮，展开工具面板，如图 7-3 所示。

02 选择"平面"选项，创建平面，如图 7-4 所示。在视图窗口中添加了一个平面。接下来，设置平面属性。

图 7-3 展开工具面板　　　　　图 7-4 创建平面

7.2.2 设置纸片

01 打开光影着色,按快捷键<N~B>,打开光影着色,如图7-5所示。按住<Alt>键和鼠标左键,可以调整视图。接下来,设置对象属性。

02 在右下角对象选项卡中,分别设置"宽度分段"和"高度分段"的数值,如图7-6所示。接下来,设置宽度和高度数值。

图7-5 打开光影着色

图7-6 设置分段数值

03 同样,在对象选项卡中设置"宽度"和"高度"的数值,如图7-7所示。

04 查看设置后的平面效果,如图7-8所示。接下来,对模型进行克隆。

图7-7 设置宽高数值

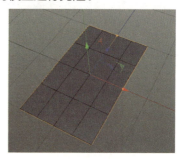
图7-8 效果展示

05 克隆模型。在菜单栏中选择"运动图形"→"克隆"选项,如图7-9所示。下面,查看右上角对象面板的变化。

06 可以看到对象面板中多了一个"克隆"的选项,如图7-10所示。

图7-9 添加克隆

图7-10 查看效果

07 将"平面"选项拖动至"克隆"选项下,如图7-11所示。

08 效果展示。在视图窗口中,可以看到模型被克隆出了几个,如图7-12所示。接下来,设置克隆对象属性。

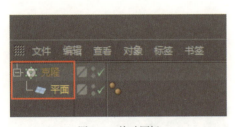

图 7-11　拖动图标

图 7-12　效果展示

09 选择"克隆"选项，将克隆对象属性的模式设置为"网格排列"如图 7-13 所示。接下来，设置尺寸。

10 将尺寸改小，具体数值如图 7-14 所示。尺寸可以在制作的过程中灵活调整，这里先暂定这个数值。接下来，为克隆模型添加一个效果器。

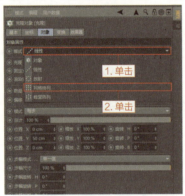

图 7-13　调整模式

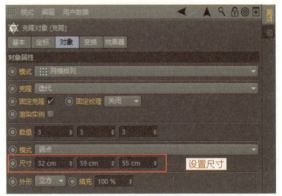

图 7-14　设置尺寸

11 添加随机效果器。选择"克隆"选项，在菜单栏中选择"运动图形"→"效果器"→"随机"如图 7-15 所示。接下来，设置位置数值。

12 设置位置数值，如图 7-16 所示。接下来，设置旋转数值。

图 7-15　添加随机效果器

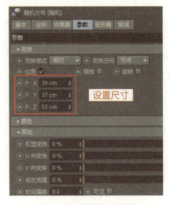

图 7-16　设置位置数值

13 设置旋转数值。勾选"旋转"右侧的方框，将"旋转"属性激活，设置旋转数值，如

图 7-17 所示。接下来,激活"缩放"属性,并对其进行设置。

14 设置缩放数值。勾选"缩放"右侧的方框 ，将"缩放"属性激活,勾选"等比缩放"右侧的方框 ，再将其"等比缩放"激活,随后设置"缩放"数值,如图 7-18 所示。接下来,添加摄像机。

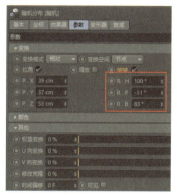
图 7-17 设置旋转数值

图 7-18 设置缩放数值

15 添加摄像机。单击工具栏中的"摄像机"按钮 ，在对象面板中新建一个摄像机,如图 7-19 所示。接下来,设置摄像机坐标。

16 选择"摄像机"选项 ，进入摄像机视图,设置坐标数值,如图 7-20 所示。接下来,进行渲染设置。

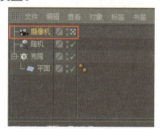
图 7-19 添加摄像机

图 7-20 设置坐标数值

17 按组合键 <Ctrl+B> 打开渲染设置面板,并设置"宽度""高度"以及"帧频",并勾选"锁定比率"选项,数值设置完成后关闭窗口,如图 7-21 所示。接下来,进行工程设置。

18 按组合键 <Ctrl+D> 打开"工程设置"面板,将帧频数设置成与渲染设置面板的帧频数一致,如图 7-22 所示。

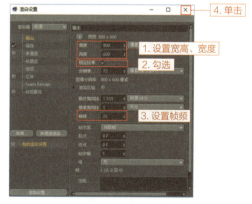
图 7-21 渲染设置

图 7-22 工程设置

19 按组合键 <Shift+V> 打开"视窗"面板,选择"视图"选项卡,设置透明数值,使视图透明度加大,如图 7-23 所示。

20 单击"边框颜色"右侧的按钮,打开"颜色拾取器"对话框,如图 7-24 所示。

图 7-23　设置透明数值

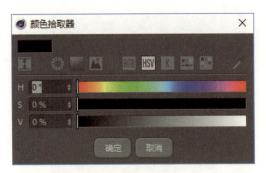

图 7-24　颜色拾取器

21 任意设置视图边框的颜色,设置完成后单击"确定"按钮,如图 7-25 所示。接下来,选择摄像机,再次设置坐标数值。

22 选择"摄像机"选项,使已经创建的模型移出画面,设置坐标数值如图 7-26 所示。接下来,可以查看效果展示。

图 7-25　设置颜色

图 7-26　设置坐标

23 效果展示。可以看到视图窗口内部已经看不到模型了,如图 7-27 所示。摄像机数值设置完成后,将摄像机进行锁定。

图 7-27　效果展示

24 为了在之后的操作过程中不移动摄像机,启动保护标签,将摄像机锁定,如图 7-28 所示。接下来,移动并复制克隆。

25 按住 <Ctrl> 键,选择"克隆",向下拖拽,将克隆移动并复制,如图 7-29 所示。

图 7-28 锁定摄像机

图 7-29 复制克隆

26 按组合键 <Alt+G> 将"克隆 1"进行编组。并将其重命名为"备份",防止后面的步骤做错,如图 7-30 所示。接下来,将"克隆"转换为可编辑对象。

27 选择"克隆",按快捷键 <C>,将其转换为可编辑对象。将其展开可以看到每个面都变成了可编辑对象,如图 7-31 所示。

图 7-30 重命名"克隆 1"为"备份"

图 7-31 可编辑对象

28 添加一个地面效果。如图 7-32 所示。接下来,设置其属性数值。

29 设置地面的对象属性数值,如图 7-33 所示。接下来,制作纸片动画。

图 7-32 建立地面

图 7-33 设置地面的对象属性

7.2.3 制作纸片动画

纸片模型创建完成后,下面开始纸片的动画制作。

01 首先制作纸片与地面碰撞的动画效果。先给地面添加一个模拟标签,选择"布料碰撞器"选项,如图 7-34 所示。接下来,添加纸片的模拟标签。

02 选中所有的"平面"图层,选择"布料"选项,如图 7-35 所示。接下来,设置其属性数值。

图 7-34 添加模拟标签　　　　　图 7-35 添加模拟标签

03 选择所有的"平面"图层,按快捷键<C>,将其转换为可编辑对象。然后选择所有布料的表达式,给纸片设置影响数值,使纸张看上去是随风飘动的,如图 7-36 所示。接下来,设置标签属性。

04 设置标签属性,如图 7-37 所示。这样,纸片动画就制作完成了。接下来,为其添加灯光效果。

图 7-36 设置影响数值　　　　　图 7-37 设置标签属性

05 在工具栏中,选择"远光灯"选项,如图 7-38 所示。接下来,创建材质球。

06 双击材质面板的空白区域,新建一个材质球,如图 7-39 所示。

图 7-38 选择远光灯　　　　　图 7-39 新建材质球

07 双击材质球,打开材质编辑器面板。设置其颜色如图 7-40 所示。接下来,应用该材质。

08 选中所有的平面,右击材质球,选择应用,如图 7-41 所示。这样材质就会被应用到所有纸片中去。

图 7-40 调整颜色　　　　　图 7-41 应用材质

09 复制远光灯。按住 <Ctrl> 键移动并复制远光灯。使画面变得更加明亮，如图 7-42 所示。接下来，为地面添加材质。

10 添加地面材质，将材质球拖入到地面中，便可以为其添加材质，如图 7-43 所示。接下来，进行渲染输出。

图 7-42 复制远光灯

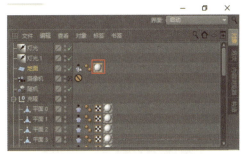

图 7-43 添加地面材质

7.2.4 渲染输出

所有的效果调试完成后，便可以进行渲染输出，然后输出纸片效果。

01 单击工具栏中的"编辑渲染设置"按钮，打开渲染设置面板，如图 7-44 所示。

02 设置帧范围，如图 7-45 所示。接下来，设置保存选项。

图 7-44 打开渲染设置面板

图 7-45 设置帧范围

03 将帧的终点设置为"60F"，如图 7-46 所示。

04 选择保存文件的位置，并勾选"Alpha 通道"和"直接 Alpha"，将格式设置为"PNG"，如图 7-47 所示。

图 7-46 设置终点

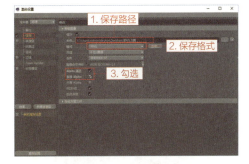

图 7-47 调整保存设置

05 单击工具栏中的"编辑渲染设置"按钮便可对动画进行渲染。接下来，制作围绕 LOGO 运动的纸片动画。

MG 动画实战从入门到精通

7.3 制作单个纸片动画

单张纸片围绕 LOGO 运动的动画相对于前面的多张纸片飞舞要简单些。

7.3.1 调整图层

01 按组合键 <Ctrl+N> 新建一个场景,再按组合键 <Ctrl+B> 打开渲染设置面板,调整渲染的各项设置,如图 7-48 所示。

02 按组合键 <Ctrl+D> 打开工程面板,将工程文件的帧频改为"25",如图 7-49 所示。

图 7-48 渲染设置

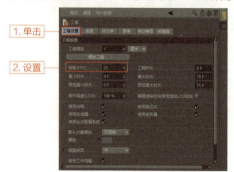
图 7-49 设置工程面板数值

03 在工具栏中长按"立方体"按钮,展开工具面板,如图 7-50 所示。

04 选择"平面"选项,创建平面,如图 7-51 所示。在视图窗口中添加了一个平面。接下来,设置平面属性。

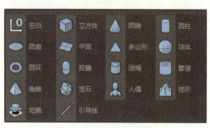
图 7-50 展开平面面板

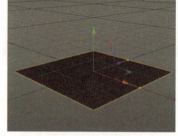
图 7-51 创建平面

05 在对象属性中,将方向改为"+Z",将卡片纵向摆放,如图 7-52 所示。接下来,设置各项数值。

06 设置数值,使模型缩小,如图 7-53 所示。接下来复制平面。

图 7-52 改变方向

图 7-53 设置数值

07 选择"平面"选项,按住 <Ctrl> 键拖拽并移动便可以复制平面,并将其重命名为"参考",如图 7-54 所示。接下来调整"参考"的大小。

08 在对象属性中调整"参考"的大小,如图 7-55 所示。这个"参考"之后是要换出 LOGO 所以先将其设置大点,具体数值可以自己设置。

图 7-54 复制"平面"

图 7-55 设置大小

09 单击摄像机按钮，新建一个摄像机,然后调整其坐标数值,如图 7-56 所示。

10 选择"画笔工具"，围绕"参考"绘制一条曲线,这条曲线就是之后纸片运动的路径,如图 7-57 所示。接下来,创建一个圆柱体。

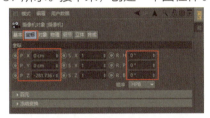
图 7-56 设置坐标

图 7-57 绘制路径

11 在工具栏中,长按"立方体"按钮,展开工具面板,创建圆柱,如图 7-58 所示。

12 设置对象属性数值,使圆柱变小,并设置其位置,如图 7-59 所示。

图 7-58 创建圆柱

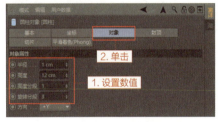
图 7-59 设置数值

13 为圆柱添加"对齐曲线"标签,如图 7-60 所示。

14 选择"对齐曲线"表达式，将"路径"拖至标签属性上,使圆柱听命于路径,如图 7-61 所示。

图 7-60 添加标签

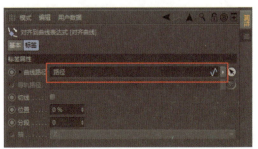
图 7-61 拖入路径

7.3.2 制作动画

01 将帧数改为 100F，如图 7-62 所示。接下来，制作动画。

02 在第 0 帧的位置，单击"位置"属性前的关键帧按钮，使其变为红色，为其添加一个关键帧，如图 7-63 所示。

图 7-62 设置帧数

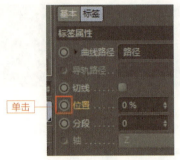

图 7-63 添加关键帧

03 将时间线拖动到第 70 帧的位置，然后设置数值，添加关键帧，如图 7-64 所示。接下来，调整动画的缓动。

04 右击"位置"，在弹出的菜单中选择"动画"→"显示函数曲线"选项，将其打开，如图 7-65 所示。

图 7-64 添加关键帧

图 7-65 打开时间轴面板

05 调整时间轴，使纸片在最高点的位置稍微停顿，如图 7-66 所示。接下来，将纸片与三角锥进行连接，使纸片与三角锥运动同步。

06 将纸片调整得与三角锥平齐，如图 7-67 所示。使动画节奏先快后慢。接下来制作位置动画。

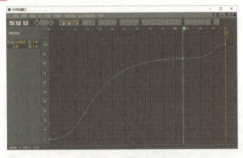

图 7-66 调整时间轴

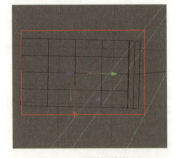

图 7-67 调整纸张位置

07 按快捷键<C>，将"平面"转换为可编辑状态，然后拖选需要绑定三角锥的点，如图 7-68 所示。接下来，为平面添加模拟标签。

08 右击"平面",在弹出的菜单中选择"模拟标签"→"布料"选项,如图 7-69 所示。接下来,设置标签属性数值。

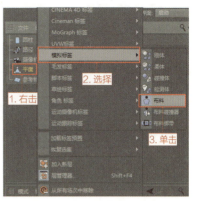

图 7-68 选择点　　　　　　　　　图 7-69 添加模拟标签

09 设置标签属性数值,如图 7-70 所示。接下来,设置影响属性数值。

10 设置影响数值,数值如图 7-71 所示。接下来,将三角锥和纸片进行绑定。

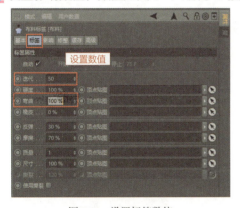

图 7-70 设置标签数值　　　　　　图 7-71 设置影响数值

11 右击"平面",在弹出的菜单中选择"模拟标签"→"布料绑带"选项,将三角锥和纸片绑定,如图 7-72 所示。这样,三角锥运动时就会绑定纸片同时运动。

12 将"布料绑带"绑定至圆柱上，在绑定圆柱之前要先按快捷键 <C> 将圆柱转换为可编辑状态,再将圆柱拖动至"布料绑带"标签上,如图 7-73 所示。接下来,再根据动画调整其运动。

图 7-72 选择"布料绑带"　　　　图 7-73 绑定圆柱

13 圆柱运动到最高点时，将其方向改变为纵向，如图 7-74 所示。

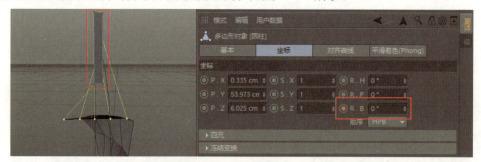

图 7-74 设置数值（1）

14 在第 64 帧的位置，设置数值，使圆柱变为横向，如图 7-75 所示。接下来，设置"布料"的标签属性数值。

图 7-75 设置数值（2）

15 设置"布料"的标签属性"弯曲"的数值，如图 7-76 所示。接下来，添加材质。

16 为纸片添加白色材质，如图 7-77 所示。接下来，为其添加灯光效果。

图 7-76 设置弯曲数值

图 7-77 添加材质

17 为平面添加一个远光灯，如图 7-78 所示。

18 再添加一个地面效果，如图 7-79 所示。接下来，进行渲染设置。

图 7-78 添加远光灯

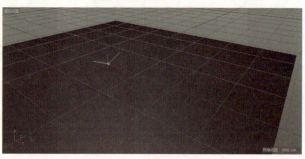

图 7-79 添加地面

19 调整渲染输出选项，如图 7-80 所示。

图 7-80　调整输出选项

20 渲染设置完成后，返回主界面，然后单击"渲染到图片查看器"按钮进行渲染输出。至此 C4D 部分便全部完成，接下来进行 AE 部分。

7.4 后期动画制作

C4D 的动画建模部分已经制作完成，现在制作后期动画合成部分。

7.4.1 导入并调整素材

01 打开 After Effects 软件，导入素材，如图 7-81 所示。

02 找到素材所在的文件夹，选择第 1 张图片，勾选"PNG 序列"，单击"导入"按钮便可将素材文件导入，如图 7-82 所示。用同样的方式将其他的文件依次导入。

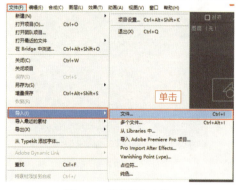

图 7-81　启动导入文件

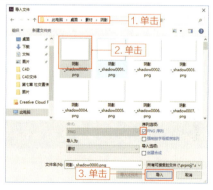

图 7-82　导入素材

03 将所有的素材导入至项目面板中，如图 7-83 所示。接下来，新建合成。

04 将纸片素材拖动到"新建合成"按钮上，新建一个与"纸片"大小一样的合成，如图 7-84 所示。接下来，新建一个纯色图层。

图 7-83 素材展示

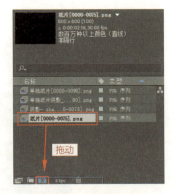

图 7-84 新建合成

05 为素材添加一个纯色背景，先新建一个纯色图层，如图 7-85 所示。

06 在"纯色设置"对话框中，单击"颜色"按钮，打开"纯色"对话框，如图 7-86 所示。

图 7-85 新建纯色图层

图 7-86 纯色设置

07 将颜色设置为蓝色，单击"确定"按钮，如图 7-87 所示。

08 在"纯色设置"对话框中，单击"确定"按钮，执行纯色设置，如图 7-88 所示。

图 7-87 设置颜色为蓝色

图 7-88 执行纯色设置

09 将"阴影"素材导入至时间轴面板中，如图 7-89 所示。

10 将图片模式改为"相乘"，使阴影融于背景，如图 7-90 所示。接下来，为阴影添加一个模糊效果。

11 选择"阴影"图层，为其添加一个模糊效果，选择"高斯模糊"选项，如图 7-91 所示。

12 调整模糊数值，使阴影稍稍模糊，如图 7-92 所示。接下来，调整阴影图层的不透明度。

第 7 章 趣味 LOGO 动画

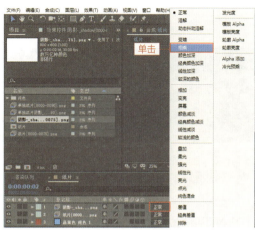

图 7-89 拖入素材　　　　　　　　　图 7-90 调整模式

图 7-91 添加模糊效果　　　　　　　图 7-92 调整模糊数值

13 按快捷键 <T>，将"不透明度"属性展开，设置其数值，如图 7-93 所示，使阴影变得半透明。接下来，制作 LOGO 动画。

图 7-93 调整不透明度

7.4.2 制作 LOGO 动画

01 首先新建纯色图层，将纯色图层的颜色设置为白色，如图 7-94 所示。然后在纯色图层中绘制 LOGO 的外形。

02 选择"钢笔工具"，绘制图层，如图 7-95 所示。接下来，调整其"缩放"和"位置"属性。

183

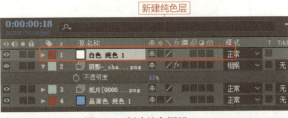
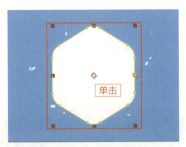

图 7-94　新建纯色图层　　　　　　图 7-95　绘制图层

03 按快捷键 <S> 将其"缩放"属性展开，调整其"缩放"数值，如图 7-96 所示。

04 按快捷键 <P> 将其"位置"属性展开，调整其"位置"数值，如图 7-97 所示。将其调整为高于中间点的位置。接下来，为图形添加颜色。

05 选择纯色图层，然后选择"填充"选项，如图 7-98 所示。

06 将颜色填充为绿色，参考数值（R=69，G=222，B=46），如图 7-99 所示。接下来，复制纯色图层。

图 7-96　设置大小　　　　　　图 7-97　设置位置

图 7-98　选择填充选项　　　　　　图 7-99　填充颜色为绿色

> 提示：也可以在新建纯色时，将颜色设置为绿色。

07 复制纯色图层，并调整它的"缩放"数值，如图 7-100 所示。接下来，调整颜色。

08 将颜色设置为绿色，参考数值（R=239，G=255，B=100），如图 7-101 所示。

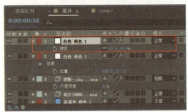

图 7-100　复制图层　　　　　　图 7-101　设置颜色

09 同理，再次复制出一个图层，调整它的大小及颜色，颜色参考数值（R=35，G=187，B=239），如图 7-102 所示。

10 LOGO 所有的背景设置完成后，选择"文字工具"，在合成窗口中输入文字，如图 7-103 所示。接下来，调整文字的各项数值。

11 将文字的各项数值调整，如图 7-104 所示。接下来，将 LOGO 背景创建为预合成。

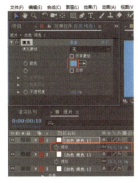
图 7-102　复制图层

图 7-103　输入文字

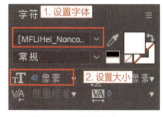
图 7-104　设置文字

12 选择所有的 LOGO 背景图层，按组合键 <Ctrl+Shift+C> 打开"预合成"对话框，设置新合成名称，单击"确定"按钮，如图 7-105 所示。

13 将"单独纸片"拖入时间轴面板。但是，在合成窗口中可以看到纸片颜色太暗，如图 7-106 所示。接下来，调整单独纸片的颜色。

14 选择"单独纸片"图层，选择"效果"→"颜色校正""曲线"选项，如图 7-107 所示。

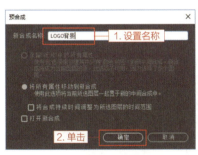
图 7-105　预合成

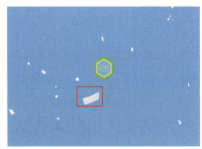
图 7-106　拖入素材

图 7-107　选择"曲线"选项

15 调整曲线，如图 7-108 所示，使纸片变亮。接下来，设置总合成的时间长度。

16 打开"合成设置"对话框，如图 7-109 所示。

17 设置帧频和持续时间，单击"确定"按钮，如图 7-110 所示。接下来，调整下单独纸片与 LOGO 背景的先后顺序。

图 7-108　调整曲线

图 7-109　打开"合成设置"对话框

图 7-110　设置合成

> 提示：设置合成时间之后，要将其他的图层也相应的加长时间。

18 当纸片运动到第27帧时，按组合键<Ctrl+Shift+D>分裂单独纸片图层，如图7-111所示。接下来，将图层再次分裂。

图7-111 分裂图层

19 当运动到第37帧、41帧时，再次将图片分裂，如图7-112所示。接下来，调整图片的位置顺序。

图7-112 再次分裂图层

20 调整纸片位置如图7-113所示，使纸片出现在LOGO背景的前后位置，使画面有先后层次感。接下来，为合成添加一些小元素。

图7-113 调整图层位置

21 选择"窗口"→"P9shape1.0.jsxbin"选项，如图7-114所示。

22 在"P9shape1.0"对话框中，选择"MG元素"如图7-115所示。

图7-114 选择"P9shape1.0.jsxbin"选项

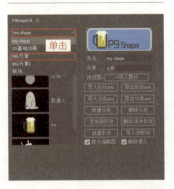

图7-115 选择MG元素

23 双击"扩散 12",将效果添加至时间轴面板,如图 7-116 所示。接下来,查看时间轴面板中的效果。
24 可以看到在时间轴面板中,多了 3 个图层,就是刚刚添加的动画效果,如图 7-117 所示。接下来,为了方便动画的制作,将这 3 个图层新建为一个预合成。

图 7-116 添加元素

图 7-117 效果展示

25 选择 3 个图层,按组合键 <Ctrl+Shift+C>,打开"预合成"对话框,将其命名为"元素",如图 7-118 所示。接下来,进入元素内部调整其大小。

26 双击"元素"进入其内部,如图 7-119 所示。接下来,新建一个空对象。

图 7-118 新建合成

图 7-119 进入合成内部

27 新建空对象。选择"图层"→"新建"→"空对象"选项,如图 7-120 所示。接下来,将其他图层连接到空对象上。

图 7-120 新建空对象

28 选择 3 个图层,打开父子链接,将其链接到"1.空 3",如图 7-121 所示。这样,就可以通过调整空对象的各项数值,来控制这 3 个图层。接下来,先调整其大小。

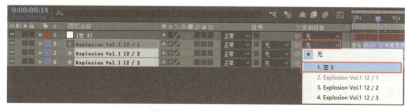

图 7-121 建立父子链接

29 按快捷键<S>，将空对象的"缩放"属性展开，调整其大小，如图 7-122 所示。因为图层本身是有动画的，利用空对象调整大小不会改变图层原来的动画。接下来，调整元素内部颜色。

30 选择需要调整的图层，单击"描边类型选项"按钮 ，打开"形状填充颜色"对话框，调整颜色，单击"确定"按钮，如图 7-123 所示。

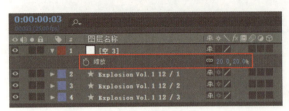

图 7-122　调整大小

图 7-123　调整颜色

31 用同样的方式，调整其他图层的颜色，如图 7-124 所示。接下来，回到"纸片"合成调整位置。

32 将"元素"图层的"位置"属性展开，调整其位置，如图 7-125 所示，使元素与 LOGO 相重合。接下来，预览动画效果。

图 7-124　调整颜色

图 7-125　调整位置

33 效果展示如图 7-126 所示。至此，第 1 部分的动画基本完成，还可以为动画添加一些其他的预设效果，这里不再演示。接下来，制作第 2 部分的动画。

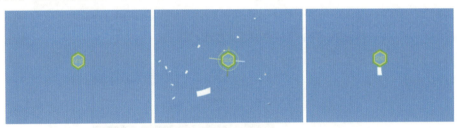

图 7-126　效果展示

7.5　制作第 2 部分动画

第 2 部分主要制作 LOGO 动画。

7.5.1　制作 LOGO 动画

01 为素材添加一个纯色背景。新建一个纯色图层，如图 7-127 所示。

02 在"纯色设置"对话框中,单击"颜色"按钮,打开"纯色"对话框,如图 7-128 所示。

图 7-127 新建纯色图层

图 7-128 纯色设置

03 将颜色设置为黄色,单击"确定"按钮,如图 7-129 所示。

04 在"纯色设置"对话框中,单击"确定"按钮执行纯色设置,如图 7-130 所示。

图 7-129 设置颜色为黄色

图 7-130 执行纯色设置

05 按组合键 <Alt+[>,将第 75 帧之前的时间条剪掉,如图 7-131 所示。接下来,制作动画。

图 7-131 修剪时间条

06 双击进入"LOGO 背景"图层,按组合键 <Ctrl+C>,复制一个纯色图层,如图 7-132 所示。

图 7-132 复制图层

07 回到"纸片"合成中,按组合键 <Ctrl+V>,将图层进行粘贴,然后按组合键 <Alt+[>,将第 75 帧之前的时间条剪掉,再将背景图层和粘贴的纯色图层移动到最上面,如图 7-133 所示。下面,调整纯色图层的大小。

图 7-133　粘贴图层

08 调整图层的"缩放"和"位置"数值,如图 7-134 所示。

09 调整填充颜色为黑色,参考数值为(R=0,G=0,B=0),如图 7-135 所示。

图 7-134　调整数值

图 7-135　设置颜色为黑色

10 在"位置"属性的第 75 帧点击左侧的"关键帧记录器"按钮,为其添加一个关键帧,如图 7-136 所示。

11 在第 78 帧,设置"位置"数值,如图 7-137 所示。使图形向下移动。

图 7-136　添加关键帧

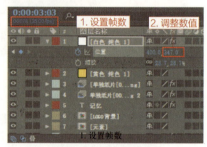

图 7-137　设置数值(1)

12 在第 80 帧,设置"位置"数值,如图 7-138 所示。使图层回到原位置,这样图形就形成了一段弹性动画。接下来,打开"Motion2"对话框。

13 选择"Motion 2.jsxbin"选项,将其打开,如图 7-139 所示。为关键帧添加缓动。

14 选择所有的"位置"关键帧,如图 7-140 所示。

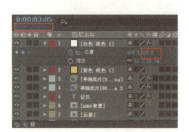

图 7-138　设置数值(2)

图 7-139　选择"Motion 2.jsxbin"

图 7-140　选择所有的位置关键帧

15 单击"EXCITE"按钮,如图 7-141 所示。

16 便可以在项目面板中看到添加的效果,如图 7-142 所示。接下来,设置各项数值。

17 设置数值如图 7-143 所示。使图形有缓动效果。接下来,查看动画的衔接效果。

图 7-141 单击"EXCITE"按钮

图 7-142 添加效果

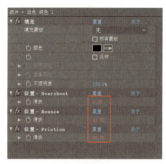
图 7-143 设置数值(1)

18 从预览效果看到,两个动画之间衔接得不紧密,如图 7-144 所示。要呈现的动画效果是在单个纸片下落到 LOGO 上时画面变换,所以,接下来,将第 2 个动画整体提前。

19 调整了动画出现的时间,将其提前到 70 帧,并调整了它们的图层顺序,如图 7-145 所示。这样两个动画之间衔接得更加紧密。接下来,复制图层。

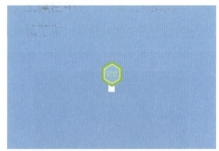
图 7-144 效果展示

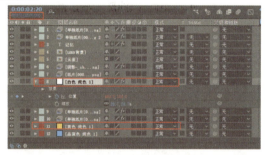
图 7-145 调整图层顺序

20 按组合键 <Ctrl+D> 将纯色图层复制出一层,如图 7-146 所示。接下来,添加模糊效果。

21 选择复制出的纯色图层,选择"效果"→"模糊和锐化"→"高斯模糊",如图 7-147 所示。

22 设置数值,并勾选"重复边缘像素",如图 7-148 所示。接下来,将 LOGO 导入软件。

图 7-146 复制图层

图 7-147 添加模糊

图 7-148 设置数值(2)

23 将 LOGO 导入到项目面板中，如图 7-149 所示。接下来，将其拖入时间轴面板中。

24 将 LOGO 拖入时间轴面板，调整它的时间条长度，使其与第 2 个动画的其他图层的时间条开始时间一样，如图 7-150 所示。

图 7-149　导入素材　　　　　　　　　　图 7-150　调整素材

25 按快捷键 <S>，将其"缩放"属性展开，调整其数值，如图 7-151 所示。

26 给 LOGO 填充黄色，参考数值为（R=255，G=213，B=0），如图 7-152 所示。接下来，制作其动画。

27 在第 71 帧时，按快捷键 <P> 展开其"位置"属性，添加关键帧，设置数值，如图 7-153 所示。

28 在第 74 帧，设置"位置"数值，如图 7-154 所示。

图 7-151　设置"缩放"数值　　　　　　图 7-152　填充颜色为黄色

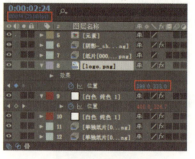

图 7-153　添加关键帧　　　　　　　图 7-154　设置"位置"数值（1）

29 在第 76 帧，设置"位置"数值，如图 7-155 所示。接下来，添加缓动效果。

30 选择所有的关键帧，单击"Motion 2"对话框中的"EXCITE"按钮，设置数值，如图 7-156 所示。下面，预览效果。

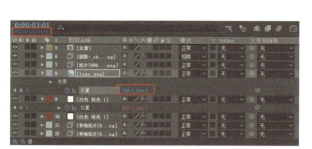

图 7-155 设置"位置"数值（2）

图 7-156 设置数值

31 效果展示，如图 7-157 所示。接下来，制作文字动画。

图 7-157 效果展示

7.5.2 制作文字动画

01 选择"文字工具" ，在合成窗口中输入文字，如图 7-158 所示。接下来，调整文字的各项设置。

02 调整文字大小、字体、颜色，将颜色设置为黑色，参考数值为（R=0，G=0，B=0），如图 7-159 所示。

图 7-158 输入文字

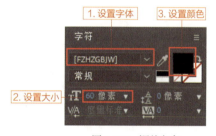

图 7-159 调整文字

03 用同样的方式，添加另外两个文字，调整 3 个文字的"位置"数值，如图 7-160 所示。接下来，为 3 个图层创建一个预合成。

04 选中 3 个图层，按快捷键 <Ctrl+Shift+C>，创建预合成，将其命名为"时光忆"，如图 7-161 所示。接下来，进入合成内部。

图 7-160 添加文字

图 7-161 新建合成

05 双击"时光忆"合成进入合成内部,为了看清文字,打开透明网格▦,如图 7-162 所示。接下来,展开文字的"缩放"和"旋转"属性。

06 选择"时"图层,在其开始帧处,按快捷键 <S> 展开"旋转"属性,单击"位置"属性左侧"关键帧记录器"按钮▣,为其添加开始关键帧,并设置其数值,如图 7-163 所示。

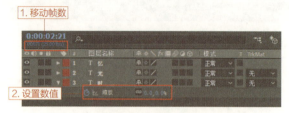

图 7-162 打开透明网格 　　图 7-163 添加关键帧

07 在第 74 帧,设置数值,如图 7-164 所示。

08 按组合键 <Shift+R>,将"旋转"属性展开。如图 7-165 所示。

图 7-164 设置"缩放"数值 　　图 7-165 展开"旋转"属性

09 在第 72 帧,调整"旋转"数值,如图 7-166 所示。

10 在第 78 帧,调整"旋转"数值,如图 7-167 所示。接下来,为所有的关键帧添加缓动效果。

图 7-166 设置"旋转"数值(1) 　　图 7-167 设置"旋转"数值(2)

11 选择"缩放"关键帧,单击"Motion 2"对话框中的"EXCITE"按钮,设置数值,如图 7-168 所示。

12 再选择"旋转"关键帧,单击"Motion 2"对话框中的"EXCITE"按钮,设置数值,如图 7-169 所示。接下来,复制关键帧。

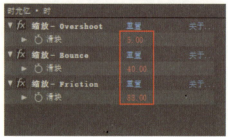 

图 7-168 设置数值(1) 　　图 7-169 设置数值(2)

13 复制"时"图层的关键帧，分别粘贴到其他文字图层上，如图 7-170 所示。

14 将"光"和"忆"的时间条分别移动至第 73 和 75 帧，如图 7-171 所示。使文字先后出现。

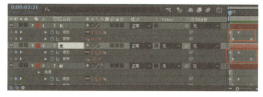
图 7-170　粘贴帧

图 7-171　调整时间条

15 复制完关键帧后，也要将缓动效果复制，选择所有的关键帧，按组合键<Ctrl+C>复制缓动效果，再选择另外的图层按组合键<Ctrl+V>进行粘贴。接下来，可以再添加一些效果，使动画更加丰富。

16 选择"窗口"→"P9shape1.0.jsxbin"选项，打开"P9shape1.0"对话框，选择"MG 元素"，添加一些 MG 元素效果，可以自己任意添加，这里不再赘述添加过程，大家可以参考最终效果图。

17 最终效果展示，如图 7-172 所示。

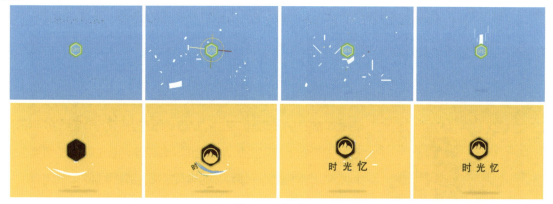
图 7-172　效果展示

第 8 章
旅游宣传广告制作

当前,越来越多的旅游宣传从单一的平面广告形式延伸到表现形式丰富的 MG 动画广告中。MG 动画广告相对于其他的广告形式,在功能介绍上可以更加详细全面,略带趣味性的画面使可读性大大地提高,若再配上一段合适的声音效果,那就更能打动人心了。

8.1 动画分析

本案例将结合 After Effects、Adobe Illustrator 以及 Adobe Photoshop 软件，制作长沙橘子洲音乐节的广告宣传片。

本实例所创建的动画由 4 个部分组成。

- 第 1 部分：时间为 2s，将长沙的标志建筑以及地图进行动画展示，使读者先对长沙有一个大致的印象，如图 8-1 所示。

图 8-1　第 1 部分效果

- 第 2 部分：时间大概为 2s，地标展示完毕后，出现主题文案"金秋音乐节"，如图 8-2 所示。

图 8-2　第 2 部分效果

- 第 3 部分：时间大概为 2s，主题结束后，开始展现音乐节的各个细节画面，如图 8-3 所示。

图 8-3　第 3 部分效果

● 第 4 部分：时间大概为 2s，宣传动画结束，如图 8-4 所示。

图 8-4　第 4 部分效果

8.2 素材整理

因为制作的动画里面的素材比较多，所以需要先在 Adobe Illustrator 和 Adobe Photoshop 软件中将所有的素材分图层、调整素材。

01 启动 Adobe Illustrator 软件，先将"01"素材打开，将所有素材都在软件中排列位置，如图 8-5 所示。

02 位置排列好后，将所有的图片进行重命名，如图 8-6 所示。

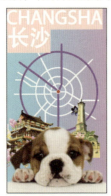

图 8-5　排列图片

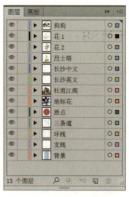

图 8-6　设置名称

03 同理，将接下来 8 个素材文件的图片都排列位置并设置名称。这里，就不再展示，后面在制作动画时再逐一介绍。

04 将制作好的素材文件单个保存，并放置在同一个文件夹中，如图 8-7 所示。接下来，开始制作动画。

05 打开 Adobe Photoshop 软件，并将花朵素材分层，如图 8-8 所示。下面，开始进行动画制作。

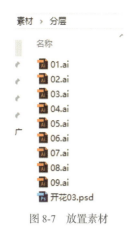

图 8-7 放置素材

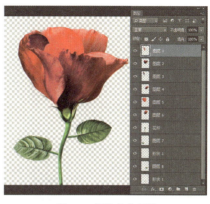

图 8-8 调整花朵素材

8.3 第 1 部分动画制作

8.3.1 创建背景

01 启动 After Effects CC 2018 软件，执行"合成"→"新建合成"菜单命令。也可以采用组合键 <Ctrl+N>，或单击项目面板中的"新建合成"按钮，如图 8-9 所示。

02 在"合成设置"对话框中设置合成的名称、大小、帧速率和持续时间等详细参数，单击"确定"按钮，如图 8-10 所示。

图 8-9 新建合成

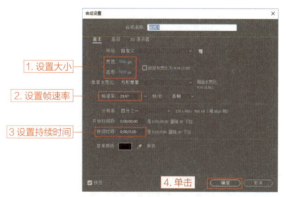

图 8-10 合成设置

8.3.2 导入素材至软件

将素材"01"导入软件中。

01 导入分层的素材文件，如图 8-11 所示。

02 选择素材"01"单击"导入"按钮，如图 8-12 所示。

图 8-11　导入文件

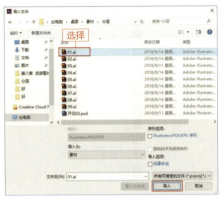

图 8-12　导入素材

03 将导入种类设置为"合成"，单击"确定"按钮，如图 8-13 所示。这样 AI 素材导进来后，会自动生成为一个合成文件。

04 将素材导入软件后，将"01"合成拖入"合成 1"时间轴面板中，如图 8-14 所示。

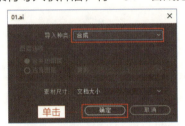

图 8-13　设置导入种类

图 8-14　拖入素材

8.3.3　制作推镜头动画

素材导入之后，开始动画部分的制作，首先制作摄像机推镜头的动画效果。

01 双击"01"进入合成内部，如图 8-15 所示。下面查看合成内部的图层展示。

02 可以看到在"01"合成中的图层与 AI 中的图层是一致的，如图 8-16 所示。所以在 AI 中调整分层在这里便可以节省工作量。

图 8-15　进入合成内部

图 8-16　图层展示

03 文字部分和地图部分需要在内部单独制作动画效果，所以先将它们分别新建一个预合成，首先，选中文字图层，按组合键 <Ctrl+Shift+C>，打开"预合成"对话框，设置新合成名称，单"确定"按钮，如图 8-17 所示。

04 同理,给地图图层也创建一个预合成,如图 8-18 所示。接下来,新建一个"摄像机"。

图 8-17 打开"预合成"对话框

图 8-18 设置预合成

05 在菜单命令中,选择"摄像机"选项,新建一个摄像机图层,如图 8-19 所示。

06 设置摄像机参数,单击"确定"按钮,如图 8-20 所示。

图 8-19 新建摄像机

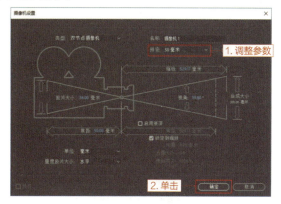

图 8-20 设置摄像机参数

07 在弹出的"警告"对话框中,单击"确定"按钮,如图 8-21 所示。

08 需要做推镜头效果的图层,将它们的三维图层打开,如图 8-22 所示。因为只有三维图层才能做摄像机动画效果。

图 8-21 "警告"对话框

图 8-22 打开缓动编辑面板

09 三维图层打开后,缺少一个能够直观观看图层效果的窗口,所以单击"2 个视图—水平",将视图设置为两个视图,如图 8-23 所示。

10 效果展示,如图 8-24 所示。这样,合成窗口变成了两个视图,方便调整动画。

11 第 1 部分动画总时长大概为 2s,在第 1.5s 时,摄像机镜头要完全定格,停留在现在的位置。接下来,为摄像机添加关键帧。

12 展开摄像机的"变换"属性,如图 8-25 所示。

13 在 45 帧时,单击"目标点"和"位置"左侧的"关键帧记录器"按钮,为它们添加关键帧,如图 8-26 所示。

图 8-23　单击"2 个视图—水平"　　　　　图 8-24　效果展示

图 8-25　展开"变换"属性　　　　　图 8-26　添加关键帧

14 回到 0 帧，调整摄像机的位置，如图 8-27 所示。接下来，调整每个图层的前后位置。

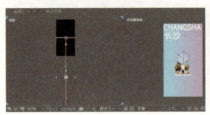

图 8-27　调整摄像机的位置

15 因为有些素材图层比较小，所以先按快捷键 <S>，将需要调整大小的图层的"缩放"属性展开，如图 8-28 所示。

16 调整大小，如图 8-29 所示。接下来，展开"位置"属性。

17 选中所有三维图层，按快捷键 <P>，将它们的"位置"属性展开，如图 8-30 所示。

图 8-28　展开"缩放"属性　　　　图 8-29　调整大小　　　　图 8-30　展开"位置"属性

18 首先调整"狗狗"图层的位置，"狗狗"图层应该是离摄像机最近的一个图层，所以将它调整到"摄像机"下面，数值如图 8-31 所示。接下来，依次调整其他图层的位置。

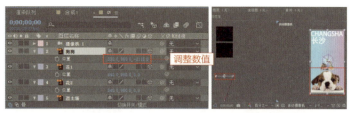

图 8-31 调整"狗狗"图层的位置

19 依次调整了其他图层的位置,如图 8-32 所示。使所有三维图层有一个前后的位置关系。接下来,调整摄像机的缓动效果。

图 8-32 调整三维图层位置

20 选中摄像机所有的关键帧,按快捷键 <F9> 将关键帧转换为缓动关键帧,如图 8-33 所示。

21 单击"图表编辑器"按钮,打开缓动编辑面板,调整"目标点"和"位置"的缓动曲线如图 8-34 所示。使动画效果先快后慢。

图 8-33 添加缓动　　　　　　　　　图 8-34 调整缓动曲线

22 按组合键 <Alt+]> 将 45 帧之后不会出现的图层进行裁剪,如图 8-35 所示。这一步骤不一定要操作,只是这样可以减小文件的大小。接下来,调整地图出现的时间点。

23 为了使动画更具有节奏感,将地图出现的时间稍微向后移动,移动至第 5 帧的位置,如图 8-36 所示。接下来,制作文字动画。

图 8-35 裁剪时间条　　　　　　　　　图 8-36 调整时间条的位置

8.3.4 制作文字动画

现在,开始制作文字动画。

01 双击"长沙文字"合成,进入文字合成内部,如图 8-37 所示。

02 按快捷键 <P>，将"位置"属性展开，然后按组合键 <Shift+S>，将"缩放"属性同时展开，如图 8-38 所示。

图 8-37 进入文字合成

图 8-38 展开"位置"和"缩放"属性

03 设置位置和缩放，数值如图 8-39 所示。接下来，将矢量图层转换为形状图层。

04 选中所有的图层右击，在弹出的菜单中，选择"从矢量图层创建形状"→"创建"选项，如图 8-40 所示。

图 8-39 设置属性数值

图 8-40 转换图层

05 效果展示。这样，矢量图层就转换成了形状图层，但是转换成形状图层之后，文字只有一个描边效果，如图 8-41 所示。接下来，调整图层的填充。

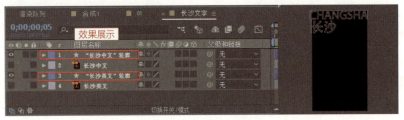

图 8-41 效果展示

06 为了缩小文件的大小，选中两个矢量图层，按 <Detete> 键，将其删除。

07 展开形状图层的属性。首先展开中文文字的属性，如图 8-42 所示。

08 单击"添加"右侧三角形 ▶，在弹出的子菜单中，选择"填充"选项，如图 8-43 所示。

图 8-42 展开属性

图 8-43 选择"填充"命令

第 8 章 旅游宣传广告制作

09 这时文字便填充了默认的红色,如图 8-44 所示。接下来,将填充颜色设置为白色。

10 单击"颜色填充"选项按钮,打开"形状填充颜色"对话框,如图 8-45 所示。接下来,调整描边颜色。

图 8-44 效果展示

图 8-45 形状填充颜色

11 设置描边颜色为白色,颜色参数为(R=255,G=255,B=255),单击"确定"按钮,如图 8-46 所示。这样文字就变为了白色。

12 利用同样的方法,将英文字母也设置为白色,如图 8-47 所示。接下来,为文字制作"修剪路径"动画。

图 8-46 设置颜色为白色

图 8-47 效果展示

13 选择英文图层。单击"添加"右侧三角形,在弹出的子菜单中,选择"修剪路径"选项,如图 8-48 所示。

14 展开"修剪路径"属性,在开始帧单击"结束"左侧的"关键帧记录器"按钮,为其添加关键帧,如图 8-49 所示。

图 8-48 选择"修剪路径"选项

图 8-49 添加关键帧

 修剪路径的"开始"和"结束"属性是为了调整动画的运动方向。

15 再将数值设置为"0.0%",使其开始时文字消失,如图 8-50 所示。

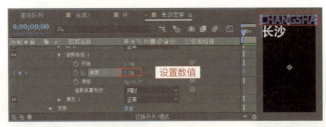

图 8-50　设置数值(1)

16 在第 20 帧,设置数值为"100.0%",使文字再次出现,如图 8-51 所示。下面,为动画添加缓动。

17 按快捷键 <F9> 为关键帧添加缓动。如图 8-52 所示。

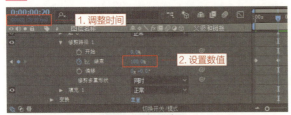

图 8-51　调整数值(2)

图 8-52　添加缓动

18 单击"图表编辑器"按钮，打开缓动编辑面板,调整"结束"的缓动曲线,如图 8-53 所示。使动画节奏先快后慢。

19 效果展示。从动画效果看,填充的颜色影响了动画的出现方式,如图 8-54 所示。所以接下来,要为填充添加一个"不透明度"的动画。

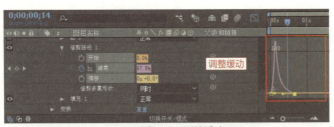

图 8-53　调整缓动

图 8-54　效果展示

20 在第 17 帧,按快捷键 <T> 展开"不透明度"属性,如图 8-55 所示。

21 在第 17 帧,单击"不透明度"左侧的"关键帧记录器"按钮，添加关键帧,并将不透明度数值设置为"0%",使文字隐藏,如图 8-56 所示。

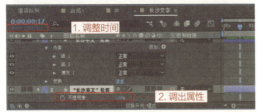

图 8-55　展开"不透明度"属性

图 8-56　添加关键帧

22 在第 21 帧,将"不透明度"数值设置为"100%",使文字出现,如图 8-57 所示。接下来,制作文字的闪烁动画。

23 选中所有的关键帧,按组合键 <Ctrl+C> 进行复制,如图 8-58 所示。

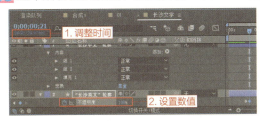

图 8-57 设置"不透明度"数值

图 8-58 复制关键帧

24 在第 25 帧,按组合键 <Ctrl+V> 将关键帧粘贴,如图 8-59 所示。

25 关键帧添加完成后,选中所有的关键帧,按快捷键 <F9>,为其添加缓动,如图 8-60 所示。这里,没有移动的动画只是文字闪烁的效果,所以不需要调整缓动曲线。接下来,为中文文字添加动画效果。

图 8-59 粘贴关键帧

图 8-60 添加缓动

26 为中文文字制作与英文文字一样的动画效果。可以直接复制英文图层的关键帧,选中所有的英文关键帧,按组合键 <Ctrl+C> 进行复制,如图 8-61 所示。

27 选中中文图层,按组合键 <Ctrl+V> 将关键帧粘贴。粘贴之后,按快捷键 <U> 可以展开图层所有的关键帧,如图 8-62 所示。接下来,调整下中文文字的出场时间。

图 8-61 复制关键帧

图 8-62 粘贴关键帧

28 将中文文字的出场时间向后调整,调整到第 4 帧出现,这样中文文字和英文文字的动画会有一个交错的视觉效果,从而使动画层次更加丰富,如图 8-63 所示。至此,文字动画就制作完成了。

图 8-63 移动时间条

29 效果展示。回到"01"合成中预览效果。镜头慢慢移动,画面向前推进,地图和文字相继出现,如图 8-64 所示。至此,第 1 部分的大部分动画效果已经完成。接下来,制作地图的动画。

图 8-64　效果展示

8.3.5　制作地图原点和三条道动画

地图动画相对于其他动画来说更为复杂,因为线条太多导致工作量较大。下面,先来制作地图的原点和三条道的动画效果。

01 双击"长沙地图"进入地图动画内部,将图层转换为形状图层。除了"地标花"和"原点"不用转换,将其他图层转换为形状图层,如图 8-65 所示。

02 将原图层删除,只留下形状图层。接下来,制作原点动画。

03 制做原点的缩放动画,要将原点制作为从无到有的弹射动画。选择原点图层,按快捷键<S>,将它的"缩放"属性展开,如图 8-66 所示。

图 8-65　转换为形状图层

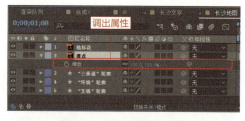

图 8-66　展开"缩放"属性

04 在第 0 帧单击"缩放"左侧的"关键帧记录器"按钮,为其添加一个关键帧,并将数值设置为"0.0,0.0%",如图 8-67 所示。

05 在第 8 帧,将数值设置为"122.0,122.0%",如图 8-68 所示。

图 8-67　设置数值(1)

图 8-68　设置数值(2)

06 在第 12 帧,调整数值为"100.0,100.0%",如图 8-69 所示。这样原点的弹射动画就制作完成。

07 动画制作完成后，选择所有的关键帧，按快捷键<F9>为其添加缓动效果。接下来，制作线条动画。

08 制作"三条道"的直线动画，这里要分别为3条线单独添加修剪路径。

09 展开"三条道"的"内容"属性，然后将其"内容"属性中的3个组全部选中，如图8-70所示。

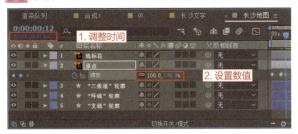
图8-69 设置数值（3）

图8-70 选择3个组

 提示　3个组就是对应的3条不同的线

10 单击"添加"右侧三角形▶，在弹出的子菜单中，选择"修剪路径"选项，如图8-71所示。这样，3条线就分别添加了"修剪路径"属性。接下来，先来制作第1条路径的动画。

11 将时间条向后移动，移动至第4帧处，如图8-72所示。

图8-71 添加修剪路径

图8-72 移动时间条

12 展开组1的"修剪路径"属性，在第6帧，为开始属性添加一个关键帧，如图8-73所示。下面，设置参数。

13 将开始参数设置为"100.0%"，使线条消失，如图8-74所示。

图8-73 添加关键帧

图8-74 设置数值

 提示　要将线条以原点为中心向四周伸展

14 在第 21 帧，将数值设置为"0.0%"，使线条再次出现，如图 8-75 所示。这样，线条的伸展动画制作完成。接下来为其添加缓动。

15 按快捷键 <F9> 为关键帧添加缓动，然后再单击"图表编辑器"按钮，打开缓动编辑面板，调整缓动曲线，如图 8-76 所示。至此，组 1 的线条动画制作完成，接下来，继续制作组 2、组 3 的线条动画。

图 8-75　调整数值

图 8-76　添加缓动

16 同理，为组 2 添加"开始"属性的线条动画。

17 展开"开始"属性，在第 4 帧和第 22 帧添加关键帧，调整数值为"100.0%"和"0.0%"。并为其添加缓动效果，如图 8-77 所示。接下来，再为组 3 添加动画。

18 为组 3 添加"结束"属性的线条动画。

19 展开"开始"属性，在第 8 帧和第 24 帧添加关键帧，调整数值为"0.0%"和"1.0%"。并为其添加缓动效果，如图 8-78 所示。

图 8-77　制作组 2 动画

图 8-78　制作组 3 动画

20 效果展示，如图 8-79 所示。这样，"三条道"的线条相继从原点向四周伸展开来。

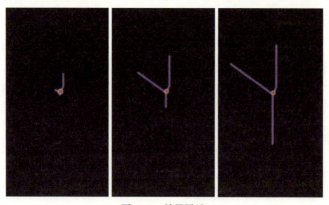
图 8-79　效果展示

21 同理，可以制作出"支线"的动画效果，这里不再赘述，效果展示如图 8-80 所示。

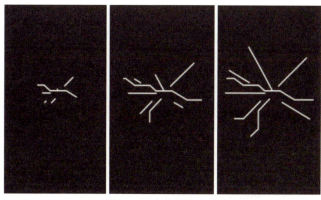

图 8-80 支线效果展示

8.3.6 制作圆环动画

将圆环动画制作为向左右两边相对出现的动画效果。

01 为 4 组圆环分别添加"修剪路径"属性，如图 8-81 所示。

02 将时间条移动至第 8 帧，让动画从第 8 帧开始播放，如图 8-82 所示。

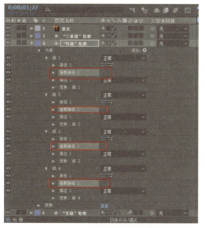
图 8-81 添加修剪路径属性

图 8-82 移动时间条

03 从最小的圆环（组 4）开始制做动画，先将"修剪路径"属性展开，为"结束"属性的第 8 帧和第 20 帧添加关键帧，并将它们的数值设置为"0.0%"和"100.0%"，如图 8-83 所示。

图 8-83 制作"结束"属性动画

04 为了使圆环动画更加灵动，可以为它添加"偏移"属性。

05 在第 8 帧时，添加"偏移"关键帧，如图 8-84 所示。

06 在第 20 帧，修改"偏移"数值如图 8-85 所示。

图 8-84　添加关键帧　　　　　　图 8-85　调整"偏移"数值

07 为所有的关键帧添加缓动，如图 8-86 所示。这样，第 1 个圆环动画制作完成，接下来，制作第 2 个圆环动画。

图 8-86　添加缓动

08 第 2 个圆环动画运动路径可以跟第 1 个动画路径相反，所以可以为它制作"开始"动画。

09 将"修剪路径"属性展开，为"开始"属性的第 10 帧和第 25 帧添加关键帧，并将它们的数值设置为"100.0%""0.0%"，如图 8-87 所示。接下来，添加偏移动画。

图 8-87　制作"开始"属性动画

10 选中组 4 的"偏移"关键帧，按组合键 <Ctrl+C> 进行复制，如图 8-88 所示。

11 选中组 3，在第 10 帧，按组合键 <Ctrl+V> 进行粘贴，如图 8-89 所示。复制完成后，为开始关键帧添加缓动。

图 8-88　复制关键帧　　　　　　图 8-89　粘贴关键帧

12 利用相同的方法，制作完成其他两个圆环动画，效果展示如图 8-90 所示。至此，地图动画就已经制作完成。接下来，制作"地标花"的动画。

13 将"地标花"的时间条移动到第 29 帧，让它从第 29 帧开始出现。接下来，为其制作缩放动画。

14 在第 29 帧为"地标花"添加一个"缩放"关键帧，将其数值设置为"0.0, 0.0%"，如图 8-91 所示。

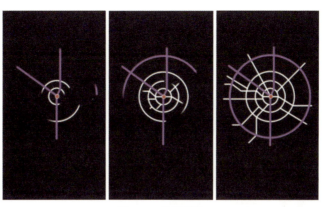

图 8-90 效果展示

图 8-91 添加"缩放"关键帧

15 在第 37 帧，调整"缩放"数值为"122.0，122.0%"，如图 8-92 所示。

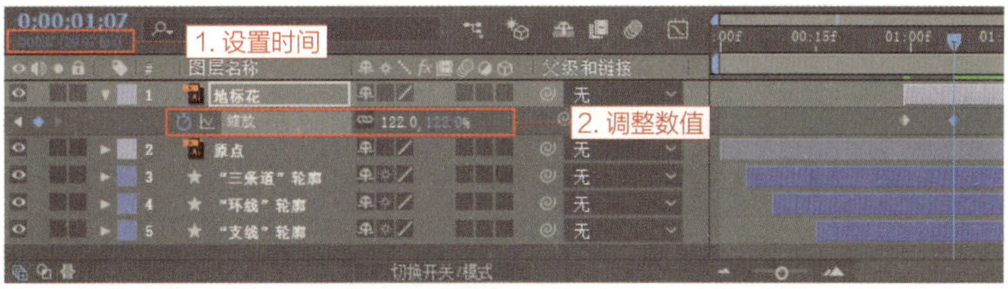

图 8-92 调整"缩放"数值（1）

16 在第 41 帧，将其数值设置为"100.0，100.0%"，如图 8-93 所示。

图 8-93 调整"缩放"数值（2）

17 为所有关键帧添加缓动，如图 8-94 所示。至此，"地标花"的动画制作完成。

图 8-94 设置蒙版属性

18 回到"01"合成查看效果,至此,第1部分大部分的动画已经全部制作完成,如图8-95所示。接下来,制作橘子洲文字动画。

图 8-95　效果展示

8.3.7 制作橘子洲文字动画

01 将素材"02"导入到项目面板中,如图8-96所示。

02 将"02"合成拖入到"01"合成中,如图8-97所示。因为这两个动画是连接在一起的,所以直接将"02"合成拖入至"01"合成中。

图 8-96　导入素材

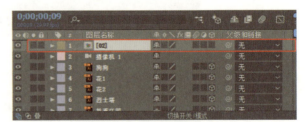

图 8-97　拖入时间轴面板

03 将"02"合成时间轴拖动至第2s(50帧)的位置,如图8-98所示。接下来,进入"02"合成内部。

图 8-98　拖动时间轴条

04 双击"02"合成进入其内部,如图8-99所示。接下来,将背景图层删掉,直接使用"01"合成的背景图层。

05 删除背景图，再将文字图层转换为形状图层，如图 8-100 所示。接下来，开始制作动画。

图 8-99　合成内部

图 8-100　调整图层

06 "橘子洲文字"动画的运动方式和"长沙文字"的动画方式一样，也是制作"修剪路径"动画。在制作动画之前，先将文字放大，并调整文字的位置，如图 8-101 所示。

图 8-101　调整文字大小及位置

07 展开形状图层属性。首先展开中文文字的属性，如图 8-102 所示。

08 单击"添加"右侧三角形 ◎，在弹出的子菜单中，选择"填充"选项，为文字填充颜色，如图 8-103 所示。

09 这时文字便填充了默认的红色，如图 8-104 所示。接下来，将填充颜色设置为白色。

图 8-102　展开属性　　　　图 8-103　选择"填充"选项　　图 8-104　效果展示

10 单击"颜色填充"按钮 ，打开"形状填充颜色"对话框，设置描边颜色为白色，颜色参数为（R=255，G=255，B=255），单击"确定"按钮，如图 8-105 所示。

11 利用同样的方法，将英文字母也设置为白色，效果如图 8-106 所示。接下来，为英文文字制作"修剪路径"动画。

12 选择英文图层。单击"添加"右侧三角形 ◎，在弹出的子菜单中，选择"修剪路径"选项，如图 8-107 所示。

图 8-105　设置颜色　　　　图 8-106　效果展示　　图 8-107　添加命令

13 展开"修剪路径"属性，在开始帧单击"结束"左侧的"关键帧记录器"按钮，为其添加关键帧。再将数值设置为"0.0%"，使其开始时文字消失，如图 8-108 所示。

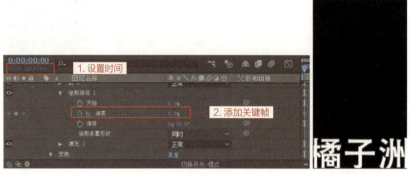

图 8-108　添加关键帧（1）

14 在第 20 帧，添加关键帧，设置数值为"100.0%"，使文字再次出现，如图 8-109 所示。下面为动画添加缓动。

图 8-109　添加关键帧（2）

15 按快捷键 <F9> 为关键帧添加缓动，再单击"图表编辑器"按钮，打开缓动编辑面板，调整"结束"的缓动曲线，如图 8-110 所示。使动画节奏先快后慢。

16 效果展示。从动画效果看，填充的颜色影响了动画的出现方式，如图 8-111 所示。所以接下来，要为填充添加一个"不透明度"的动画。

图 8-110 调整缓动

图 8-111 效果展示

17 在第 18 帧，按快捷键 <T> 展开"不透明度"属性，单击"不透明度"左侧的"关键帧记录器"按钮◎，添加关键帧，将"不透明度"数值设置为"0%"，使文字隐藏，如图 8-112 所示。

18 在第 23 帧，将"不透明度"数值设置为"100%"，使文字出现，如图 8-113 所示。接下来，制作文字的闪烁动画。

图 8-112 添加关键帧（1）

图 8-113 添加关键帧（2）

19 选中所有的关键帧；按组合键 <Ctrl+C> 进行复制，如图 8-114 所示。

20 在第 27 帧，按组合键 <Ctrl+V> 将关键帧粘贴，如图 8-115 所示。

图 8-114 复制关键帧（1）

图 8-115 粘贴关键帧（1）

21 关键帧添加完成后，选中所有的关键帧，按快捷键 <F9>，为其添加缓动。这里没有移动的动画只是文字闪烁的效果，所以不需要调整缓动曲线。接下来，为中文文字添加动画效果。

22 为中文文字制作与英文文字一样的动画效果。可以直接复制英文图层的关键帧，选中所有的英文关键帧，按组合键 <Ctrl+C>，如图 8-116 所示。

23 选中中文图层，按组合键 <Ctrl+V> 将关键帧粘贴。粘贴之后，按快捷键 <U> 可以展开图层所有的关键帧，如图 8-117 所示。接下来，调整下中文文字的出场时间。

图 8-116 复制关键帧（2）

图 8-117 粘贴关键帧（2）

24 将中文文字时间条，移动至第 4 帧开始出现，如图 8-118 所示。接下来，回到"01"合成，制作镜头动画。

25 需要地图逐渐变大的效果,所以这里将摄像机向前推动,展开摄像机所有的关键帧,在第60帧添加两个关键帧,单击"在当前时间添加或移除关键帧"按钮,如图 8-119 所示。

图 8-118 移动时间条　　　　　　　　图 8-119 添加关键帧(1)

26 在第 77 帧处,调整"目标点"和"位置"的数值,如图 8-120 所示。这样,摄像机就实现了向前推动的效果。

图 8-120 调整数值

27 接下来,在第 103 帧再次添加两个关键帧。使镜头效果一直保持在 103 帧,如图 8-121 所示。

图 8-121 添加关键帧(2)

28 在第 113 帧,设置"摄像机"数值,使地图完全出画,如图 8-122 所示。这样,摄像机的动画就制作完成了。接下来,调整"长沙文字"的出画效果。

图 8-122 设置"摄像机"数值

29 按快捷键<P>,展开"长沙文字"的"位置"属性,在第 54 帧处,添加关键帧,如图

8-123 所示。

30 在第 67 帧处,调整 "位置" 属性如图 8-124 所示。接下来,查看效果展示。

图 8-123　添加关键帧　　　　　　　　图 8-124　调整 "位置" 属性

31 效果展示。为关键帧添加缓动,这样第 1 部分的动画制作完成了,如图 8-125 所示。

图 8-125　效果展示

8.4 制作第 2 部分动画

第 2 部分动画由转场效果和金秋音乐节两个部分组成。

01 将素材 "03" 导入软件。然后将 "03" 合成拖动至时间轴的第 117 帧处,如图 8-126 所示。使第 2 个动画从第 117 开始播放。

02 双击 "03" 合成进入其内部,如图 8-127 所示。接下来,制作图层的缩放动画。

图 8-126　拖入素材　　　　　　　图 8-127　进入合成内部

03 按快捷键 <S>,展开 "缩放" 属性,添加关键帧,并将数值设置 "0.0,0.0%",如图 8-128 所示。

04 在第 12 帧,设置数值,如图 8-129 所示。这样,图层便会形成一个缩放动画。接下来,添加缓动效果。

219

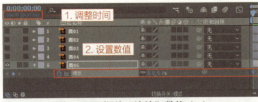 

图 8-128 调整"缩放"数值（1）　　　图 8-129 调整"缩放"数值（2）

05 按快捷键 <F9>，为关键帧添加缓动，然后再单击"图表编辑器"按钮，打开缓动编辑面板，调整"缓动曲线"，如图 8-130 所示。接下来，为其他图层添加缩放动画效果。

06 按组合键 <Ctrl+C> 将"缩放"关键帧进行复制，然后分别粘贴到其他图层，如图 8-131 所示。接下来，调整图层的出场顺序。

 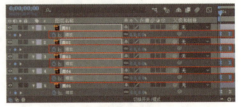

图 8-130 添加缓动　　　　　　　　图 8-131 复制帧

07 将时间条分别移动至第 5 帧、第 11 帧、第 17 帧和第 22 帧，使每个图层相继出现，如图 8-132 所示。接下来，将素材"04"导入到软件中。

08 将素材"04"放置到 145 帧处，双击进入其内部，如图 8-133 所示。接下来，制作开花动画。

图 8-132 调整图层　　　　　　　　图 8-133 进入"04"素材内部

09 将素材"开花"导入软件，并将其放置在时间轴面板中，如图 8-134 所示。接下来，调整其大小。

图 8-134 导入"开花"素材

10 调整素材大小如图 8-135 所示。之后调整它的位置。接下来，将"电视"图层调整到"开花"合成内部。

11 选择"电视"图层按组合键 <Ctrl+X> 剪切，然后，双击进入"开花"合成内部，按组合键 <Ctrl+V> 进行粘贴，并将图层放在第 5 层，如图 8-136 所示。接下来，制作开花动画。

图 8-135 调整大小位置

图 8-136 调整素材

12 将"开花"合成调大，先打开"合成设置"对话框，如图 8-137 所示。

13 调整合成大小，单击"确定"按钮，如图 8-138 所示。接下来，设置各个图层的锚点位置。

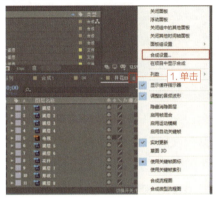

图 8-137 打开"合成设置"窗口

图 8-138 调整合成大小

14 选择工具栏中的"锚点工具" ，或者按快捷键 <Y>，将其激活。然后将锚点设置在花瓣靠近花杆的位置，如图 8-139 所示。这样制作的开花动画更加真实。接下来，为某些图层添加父子链接。

15 添加父子链接的详细情况如图 8-140 所示。接下来，制作叶子的缩放动画。

图 8-139 调整锚点

图 8-140 添加父子链接

16 按快捷键 <S>，展开两个"形状 1"图层的"缩放"属性，为其添加关键帧，如图 8-141 所示。

17 在第 11 帧，调整"缩放"数值，如图 8-142 所示。接下来，制作花瓣开花动画。

18 按快捷键 <R>，将"图层 1""图层 2""图层 4""图层 5""图层 6"的"旋转"属性展开，在第 16 帧，为其添加关键帧，如图 8-143 所示。

19 将播放头移动至 24 帧，调整各项"缩放"数值，如图 8-144 所示。接下来，预览开花效果。

图 8-141　添加关键帧（1）

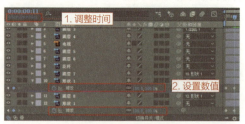

图 8-142　调整"缩放"数值（1）

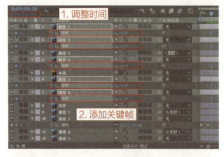

图 8-143　添加关键帧（2）

图 8-144　调整"缩放"数值（2）

20 效果展示，可以看到有一个花瓣展开的效果不是很好，如图 8-145 所示，所以需要将它的三维图层打开，设置它的三维数值，使花瓣的展开有一个前后关系，让效果看上去更加真实。

21 打开三维图层，如图 8-146 所示。取消"Z 轴旋转"设置，设置"X 轴旋转"。

图 8-145　效果展示

图 8-146　打开三维图层

22 设置"X 轴旋转"的数值，如图 8-147 所示。

图 8-147　设置"X 轴旋转"的数值

23 效果展示，如图 8-148 所示。这样，花瓣效果制作完成了。接下来，制作电视的动画效果。

24 按快捷键 <S>，将电视的"缩放"属性展开，在开花的同时，电视出现，在第 17 帧添加一个关键帧，并将数值设置如图 8-149 所示。

图 8-148 效果展示

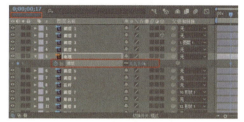

图 8-149 添加关键帧（1）

> **提示**　在制作缩放动画之前，需要将电视的锚点调整到电视下方，这样制作出来的缩放动画比较像生长动画。

25 在第 25 帧，调整数值如图 8-150 所示，这样电视动画便制作完成了。接下来，调整叶子的出画时间。

26 在调整叶子的出画时间之前，可以为所有的关键帧添加缓动效果，并将其缓动节奏调整为先快后慢。再调整叶子出画时间从第 16 帧开始，如图 8-151 所示。接下来，再来调整其他的动画。

图 8-150 调整"缩放"数值

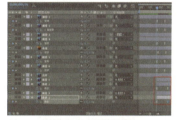

图 8-151 调整动画

27 回到"04"合成，在这里调整花朵整体位移动画。将其"位置"属性展开，在开始帧处，添加一个关键帧，将花朵移出画外，如图 8-152 所示。

28 在第 11 帧，调整"位置"数值，如图 8-153 所示。使花朵再次入画。接下来，调整文字动画。

图 8-152 添加关键帧（2）

图 8-153 调整"位置"数值

29 调整文字动画，这个部分的文字动画比较简单，只需要将它们的时间轴调整一下位置，在第 17 帧时出现第 2 行文字，在第 34 帧时出现第 3 行文字，使它们相继出现即可，如图 8-154 所示。接下来，调整背景动画。

30 背景动画和文字动画一样，也是相继出现，为了使画面不跳帧，将"背景 01"删除，直接使用前一个动画的背景。将"背景 04"调整到第 46 帧出现，"背景 03"调整到第 53 帧出现，"背景02"调整到第60帧出现,时间轴调整如图8-155所示。接下来,制作画面中的"红球"和"黄球"动画。

图8-154 制作文字动画

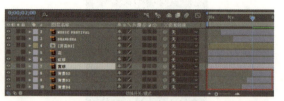
图8-155 制作背景动画

31 调整两个球的出画时间,将它们的出画时间后移到34帧,如图8-156所示。

32 展开它们的"位置"属性,在第34帧时为其添加一个关键帧,如图8-157所示。

图8-156 调整出画时间

图8-157 添加关键帧

33 在第152帧时,调整"位置"属性数值,将两个球稍稍移动即可,使动画看上去更加丰富。如图8-158所示。制作完成所有动画之后,为所有的关键帧添加缓动效果,这里不再演示制作过程。接下来,查看第2部分的最终动画效果。

34 效果展示,如图8-159所示。接下来制作第3部分的动画。

图8-158 设置数值

图8-159 效果展示

8.5 制作第3部分动画

第3部分的动画相对于前两个部分的动画要稍微简单些。这里,主要讲第1个画面的动画效果,后面3个画面的动画制作方式跟第1个画面的制作方式一样,在此不再赘述。

01 将素材"05"导入到软件中,然后将它拖到时间轴面板的第210帧处,如图8-160所示。接下来,便可以制作此部分的动画。

02 双击"05"合成进入合成内部,在这个画面中"花""摇滚男""音符"需要动,先制作"摇滚男"的动画。

图 8-160 拖入素材

03 在第 8 帧,按快捷键 <S>,将其"缩放"属性展开,为其添加一个关键帧,如图 8-161 所示。

04 在开始帧,调整"缩放"数值为"0.0,0.0%",如图 8-162 所示。关键帧添加完成后,为关键帧添加缓动,这样"摇滚男"的动画便制作完成。

图 8-161 添加关键帧(1)　　　　　　　　图 8-162 调整"缩放"数值(1)

05 将"花"的时间条向后移动至 16 帧,然后按快捷键 <S> 展开其"旋转"属性,并在第 16 帧添加一个关键帧,如图 8-163 所示。

06 在第 166 帧,调整其"旋转"数值,如图 8-164 所示。这样,"花"的动画便制作完成,下面,制作"音符"的动画。

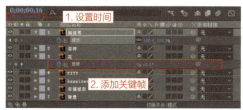 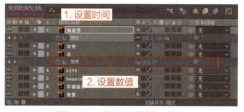

图 8-163 添加关键帧(2)　　　　　　　　图 8-164 调整"旋转"数值

07 按快捷键 <S>,展开"音符"的"缩放"属性,在开始帧添加一个关键帧,如图 8-165 所示。

08 在第 48 帧,设置数值,如图 8-166 所示。"音符"的动画便制作完成。至此,第 3 部分的第 1 个画面就制作完成了。可以利用同样的方式制作接下来的 3 个画面。

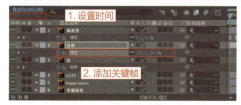 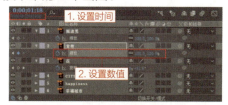

图 8-165 设置关键帧(3)　　　　　　　　图 8-166 调整"缩放"数值(2)

09 效果展示。第 3 部分的动画比较简单,不再一一讲解,这里,给大家展示一下最终的效果,如图 8-167 所示。

图 8-167　效果展示

8.6　制作第 4 部分动画

现在，制作第 4 部分的动画效果。

01 将最后的素材导入到软件中，然后将它拖到时间轴面板的第 273 帧处。接下来，制作此部分的动画了。

02 双击进入合成内部，首先制作"花"的旋转动画，然后制作"音乐乐器"的缩放动画，最后制作"小红球"的位移动画。这里不再展示制作动画的步骤，具体做法可以参考之前的动画制作方法。制作完成所有的动画之后，为它们添加运动模糊效果。

03 添加运动模糊。以"合成 1"为例，打开运动模糊总开关，如图 8-168 所示。接下来，打开单个图层的运动模糊开关。

04 打开所有图层的运动模糊开关，如图 8-169 所示。

 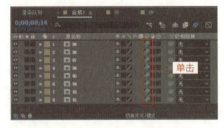

图 8-168　打开运动模糊总开关　　　　图 8-169　打开图层的运动模糊开关

05 双击进入"01"合成内部，打开内部所有的运动模糊开关，如图 8-170 所示。

06 同理，将所有图层内部的运动模糊开关都打开。这样所有的运动图层在运动时都会产生模糊效果，使动画效果看上去更加真实。接下来，为动画添加音乐效果。

图 8-170 添加运动模糊

07 将音乐素材导入至软件中,然后将音乐素材拖入到"合成 1"时间面板的最后一层,如图 8-171 所示。此时发现音乐图层的时间轴比动画图层的时间轴要短一些,下面复制出一个音乐图层。

图 8-171 添加音乐

08 复制出的音乐图层,放置位置,如图 8-172 所示。至此,动画效果便已全部完成。

图 8-172 复制音乐

09 最终效果展示,如图 8-173 所示。

图 8-173 最终效果展示

第 9 章
快递运输 MG 动画

随着电子商务的蓬勃发展，快递行业也迅猛发展起来了，所以快递运输 MG 动画便应运而生。本章，将带领大家学习并制作一个快递运输的 MG 动画。

9.1 动画分析

本案例将为大家讲解如何制作一个快递运输的 MG 动画。本案例所创建的动画由 3 个部分组成。

- 第 1 部分为背景动画：时间大约为 2s，背景中所有的元素出现，背景元素出现的同时，汽车动画出现，如图 9-1 所示。

图 9-1　背景动画

- 第 2 部分为汽车动画：时间大约为 5s，汽车入画并在画面停留几秒钟，同时出现快递宣传语以及快递小动画，然后汽车出画，如图 9-2 所示。

图 9-2　汽车动画

- 第 3 部分为结束动画：时间大约为 2s，最后的画面出现，并出现快递公司名称，如图 9-3 所示。

图 9-3　结束动画

9.2 第 1 部分动画制作

第 1 部分为背景动画，背景中所有元素在此部分出现。

9.2.1 创建背景

01 启动 After Effects CC 2018 软件。执行"合成"→"新建合成"菜单命令，也可以按组合键 <Ctrl+N>，或单击项目面板中的"新建合成"按钮，如图 9-4 所示。

02 在"合成设置"对话框中，设置合成的名称、大小、帧速率和持续时间等详细参数，单击"确定"按钮,如图 9-5 所示。

图 9-4 新建合成

图 9-5 合成设置

9.2.2 导入素材至软件

本例的素材是用 Adobe Illustrator 以及 Adobe Photoshop 软件制作的,先导入 Adobe Illustrator 制作的背景图层。

01 导入 Adobe Illustrator "背景"素材文件,如图 9-6 所示。

02 选择素材"背景",单击"导入"按钮,如图 9-7 所示。

图 9-6 导入文件

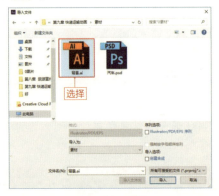

图 9-7 导入素材

03 将导入种类设置为"合成",单击"确定"按钮,如图 9-8 所示。这样 AI 素材导入之后会自动生成一个合成文件。

04 将素材导入到软件之后,将"背景"合成拖动至"汽车运输"合成的时间轴面板中,如图 9-9 所示。

图 9-8 选择导入类型

图 9-9 拖入素材

9.2.3 添加纯色背景

首先将动画前部分的背景动画制作完成,然后再制作其他部分的动画。制作动画之前先为其添加一个纯色图层。

01 为合成添加一个纯色图层，如图 9-10 所示。

02 调整纯色图层的颜色，单击"颜色"按钮，如图 9-11 所示。

图 9-10　新建纯色层

图 9-11　纯色设置

03 设置颜色，将颜色设置为浅黄色，参考数值为（R=251,G=243,B=189），单击"确定"按钮，如图 9-12 所示。

04 在"纯色设置"对话框中，单击"确定"按钮，执行纯色设置如图 9-13 所示。

图 9-12　设置颜色为浅黄色

图 9-13　执行纯色设置

05 将设置完成的纯色图层放置在最下面，作为背景图层，如图 9-14 所示。

06 效果展示，可以查看加入背景后的效果，如图 9-15 所示。接下来，制作动画。

图 9-14　调整图层位置

图 9-15　效果展示

9.2.4　制作动画

01 双击"背景"合成进入其内部，如图 9-16 所示。下面，查看合成内部的图层展示。

02 "背景"合成中的图层与 AI 中的图层是一致的，如图 9-17 所示。所以在 AI 中设置好分层便可以节省工作量。

图 9-16　进入合成内部　　　　　　　　　图 9-17　拖入素材

03 选择"窗口"→"Motion 2.jsxbin"选项，如图 9-18 所示。接下来，利用"Motion 2"对话框调整部分图层锚点的位置。

04 选择图层。除"云右""云上""云下"，将其他图层选中，如图 9-19 所示。

图 9-18　选择"Motion 2.jsxbin"选项　　　　图 9-19　选择图层

05 单击向下按钮，将所有图层的锚点调至图层下方，如图 9-20 所示。接下来，制作缩放动画。

图 9-20　调整中心点的位置

06 首先制作"尖树"图层的缩放动画，按快捷键 <S> 展开其"缩放"属性，如图 9-21 所示。

07 在第 15 帧，单击"缩放"左侧的"关键帧记录器"按钮，添加关键帧，如图 9-22 所示。

图 9-21　展开"缩放"属性　　　　　　　图 9-22　添加关键帧

08 将时间条移动至开始帧，设置"缩放"属性数值为"0.0，0.0%"，这样，一个缩放动画便制作完成。如图 9-23 所示。然后为动画添加一个弹性效果。

第 9 章　快递运输 MG 动画

09 选择两个关键帧，单击"Motion 2"对话框中的"EXCITE"按钮，如图 9-24 所示。

图 9-23　设置"缩放"数值

图 9-24　添加效果

10 选择"效果控件"面板，将其打开，如图 9-25 所示。接下来，设置数值。

11 设置最后一个缩放值，如图 9-26 所示。该数值越大，动画弹性就越大。接下来，复制关键帧。

图 9-25　打开"效果控件"面板

图 9-26　设置数值（1）

12 复制关键帧。选择"缩放"关键帧按组合键 <Ctrl+C> 进行复制，如图 9-27 所示。

13 选择图中图层，按组合键 <Ctrl+V> 进行粘贴，如图 9-28 所示。进行缩放的图层都是位于地平线上的图层。接下来，为粘贴的所有帧添加弹性效果。

图 9-27　复制关键帧

图 9-28　粘贴关键帧

14 可以选中所有的"缩放"关键帧，用同样的方式，为多个关键帧添加弹性效果，并设置数值，如图 9-29 所示。接下来，为剩余的图层制作位移动画。

图 9-29　设置数值（2）

15 先制作云的位移动画,选中"云右""云上""云下"图层,按快捷键 <P>,将它们的"位置"属性展开,如图 9-30 所示。

16 在第 68 帧,单击"位置"左侧的"关键帧记录器"按钮,添加关键帧,如图 9-31 所示。

图 9-30 展开"位置"属性

图 9-31 添加关键帧(1)

17 再在开始帧,设置数值,如图 9-32 所示。将云朵移至画外。接下来,为关键帧添加缓动效果。

18 单击"Motion 2"面板上的"切换"按钮,将面板切换为缓动调整面板,如图 9-33 所示。

图 9-32 设置数值

图 9-33 切换面板

19 拖动滑块,调整数值,如图 9-34 所示。这样,关键帧就已经添加了缓动效果。接下来,制作太阳的动画效果。

20 按快捷键 <P>,将"太阳"图层的"位置"属性展开,在第 33 帧,为其添加关键帧,如图 9-35 所示。

图 9-34 调整缓动

图 9-35 添加关键帧(2)

21 再在开始帧,调整其数值,使太阳移至画外,如图 9-36 所示。接下来,调整位移移动线条的弧度。

22 通过调整手柄,将本来是直线的移动线条调整为有弧度的线条,如图 9-37 所示。这样太阳在移动时就会产生一个有弧度的移动效果。接下来,制作热气球的位移动画。

23 展开热气球"位置"以及"旋转"属性。先按快捷键 <P> 将其"位置"属性展开,然后再按组合键 <Shift+R>,同时将"旋转"属性展开,如图 9-38 所示。接下来,制作热气球的动画。

第 9 章 快递运输 MG 动画

24 在第 20 帧时,为"位置"以及"旋转"属性同时添加关键帧,如图 9-39 所示。

图 9-36 调整数值

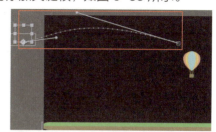
图 9-37 调整太阳移动曲线

图 9-38 展开"位置"和"旋转"属性

图 9-39 添加关键帧

25 然后在开始帧,将"位置"属性设置如图 9-40 所示,使热气球出画。

26 同样,也将热气球的运动线调整为曲线,如图 9-41 所示。接下来,为热气球制作旋转动画效果。

图 9-40 调整"位置"数值

图 9-41 调整热气球移动曲线

27 在开始帧时,将其"旋转"数值设置为"0x+180°",如图 9-42 所示。

图 9-42 调整"旋转"数值(1)

28 在第 11 帧,然后调整数值为"0x+9.5°",如图 9-43 所示。这样,热气球动画便制作完成。接下来,制作地面动画。

图 9-43 调整"旋转"数值(2)

29 在第 6 帧，展开其"位置"属性，并为其添加关键帧，如图 9-44 所示。

图 9-44 添加关键帧

30 再在开始帧，调整数值如图 9-45 所示。使地面出画，这样地面动画便制作完成。接下来，调整每个画面出现的时间顺序。

图 9-45 设置数值

31 将"圆树"图层调整到第 40 帧出现，"三角发电"图层调整到第 49 帧出现，"左房子"图层和"右房子"图层调整到第 25 帧出现，"热气球"图层调整到第 11 帧出现，"太阳板"图层调整到第 38 帧出现，如图 9-46 所示。调整完成后，查看效果展示。

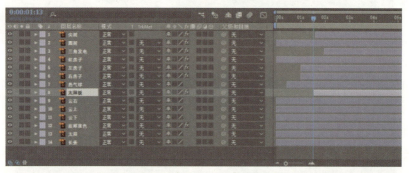

图 9-46 调整图层的出现时间

32 效果展示。至此背景动画制作完成，如图 9-47 所示。接下来，制作汽车动画。

图 9-47 效果展示

9.3 第 2 部分动画制作

第 2 部分的动画为汽车动画。

9.3.1 制作汽车动画

汽车动画的素材是用 Adobe Photoshop 制作的，先将素材导入。

01 导入 Adobe Photoshop "汽车"素材文件，如图 9-48 所示。

02 选择素材"汽车"，单击"导入"按钮，如图 9-49 所示。

图 9-48　导入文件

图 9-49　导入素材

03 将导入种类设置为"合成 - 保持图层大小"，单击"确定"按钮，如图 9-50 所示。

04 将素材导入至软件后，双击打开"汽车"合成，在合成内部可以看到还有"汽车"和"商品"两个合成，如图 9-51 所示。这两个合成是在 PS 中制作完成的文件夹，导入后 AE 自动将它们创建为一个合成。接下来，先来制作汽车动画。

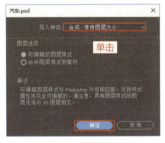

图 9-50　设置导入种类

图 9-51　查看合成

05 为了对合成有所区分，将包含所有素材的"汽车"合成重命名为"汽车总合成"。如图 9-52 所示。

06 双击打开"汽车"合成，如图 9-53 所示。接下来，制作该动画。

07 为了方便动画制作，首先将车头的所有部分新建一个预合成，如图 9-54 所示。

08 执行预合成设置。将新合成名称设置为"总车头"，单击"确定"按钮，如图 9-55 所示。接下来，为图层建立父子链接。

237

图 9-52 修改名称

图 9-53 打开"汽车"合成

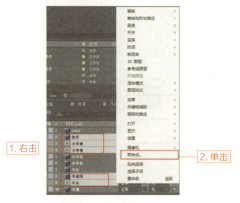
图 9-54 新建预合成

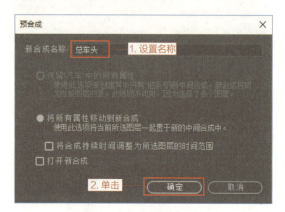
图 9-55 执行预合成

09 将"总车头"和"车厢"图层与"车杠"图层进行父子链接,使"车杠"图层成为它们的父级图层,如图 9-56 所示。接下来,对"车杠"图层进行动画制作。

10 按快捷键 <P>,展开车杠的"位置"属性,添加一个关键帧,如图 9-57 所示。

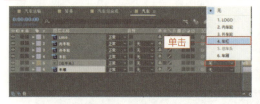
图 9-56 建立父子链接

图 9-57 添加"位置"关键帧

11 在第 175 帧,设置"位置"数值,如图 9-58 所示。接下来,打开"摇摆器"面板。

12 选择"窗口"→"摇摆器"选项,如图 9-59 所示。接下来,为车杠制作震动动画。

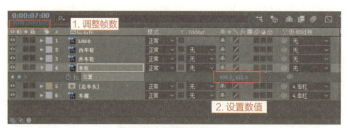
图 9-58 设置位置数值

图 9-59 选择"摇摆器"选项

13 选择两个"位置"关键帧,设置摇摆器的"频率"和"数量级",如图 9-60 所示。接下来,执行应用。

14 单击"应用"按钮,执行应用,如图 9-61 所示。下面,查看时间轴上的关键帧会发生什么变化。

图 9-60　设置数值

图 9-61　执行应用

15 查看关键帧。可以看到设置了"摇摆器"数值之后,图层上多了很多关键帧,如图 9-62 所示,这些关键帧就是车杠产生振动的关键帧。接下来,修改汽车上的文字。

图 9-62　查看关键帧

16 选择"文字工具",在合成窗口中输入文字,如图 9-63 所示。

17 设置文字大小、字体以及颜色,如图 9-64 所示。接下来,查看效果。

图 9-63　输入文字

图 9-64　调整文字

18 文字效果展示。将 LOGO 图层隐藏,查看效果,如图 9-65 所示。效果制作完成后,将"汽车"合成拖入到"汽车运输"合成中。

19 在"汽车运输"合成中,将"汽车"合成拖入到该合成的第 14 帧处,如图 9-66 所示。

图 9-65　效果展示

图 9-66　拖入合成

239

20 调整"背景"合成的位置。按快捷键<P>，将其"位置"属性展开，调整其位置，使背景向上移动，如图9-67所示。接下来，制作汽车位移动画。

21 按快捷键<P>，展开图层的"位置"属性，在第14帧单击"位置"左侧的"关键帧记录器"按钮，添加关键帧，并调整数值，如图9-68所示，使汽车出画。

图9-67 调整"位置"数值（1）

图9-68 添加关键帧（1）

22 在第72帧，为其添加一个关键帧，调整数值，如图9-69所示，使汽车入画。接下来将汽车在画面中停留几帧。

23 在第112帧，为其添加一个关键帧，如图9-70所示。接下来，使汽车出画。

图9-69 添加关键帧（2）

图9-70 添加关键帧（3）

24 在第154帧，调整"位置"属性数值，使汽车出画，如图9-71所示。接下来，为关键帧添加缓动效果。

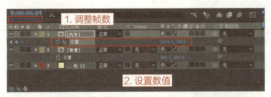
图9-71 调整"位置"数值（2）

25 为72帧的关键帧添加一个缓入效果，选择"缓入"→"关键帧辅助"选项，如图9-72所示。

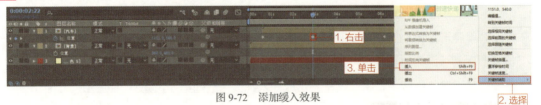
图9-72 添加缓入效果

26 为112帧的关键帧添加一个缓出效果，选择"缓出"→"关键帧辅助"选项如图9-73所示。加入缓入和缓出效果后，汽车会缓慢开动，然后缓慢停下，更符合动画规律。

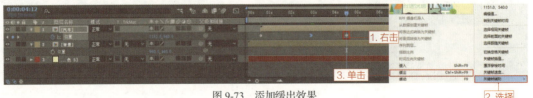
图9-73 添加缓出效果

27 效果展示，如图 9-74 所示。至此，汽车动画制做完成。接下来，再制作商品动画。

图 9-74 效果展示

9.3.2 制作商品动画

商品动画紧跟着汽车动画出现，汽车停下时商品动画出现。

01 找到"商品"合成，将其拖入至"汽车运输"合成时间轴面板的第 60 帧，如图 9-75 所示。

图 9-75 拖入时间轴

02 按快捷键 <P>，将"商品"的"位置"属性展开，调整其数值，使其靠近汽车，如图 9-76 所示。

图 9-76 调整"位置"属性

03 双击"商品"合成进入其内部，选择"锚点工具" ，利用"锚点"工具，将每个盒子的锚点调整到盒子下方，如图 9-77 所示。接下来，制作"盒子 1"的缩放动画。

04 按快捷键 <S>，展开"缩放"属性，在第 3 帧，设置缩放数值为"0.0，0.0%"，如图 9-78 所示。

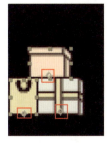 

图 9-77 调整锚点　　　　　图 9-78 设置"位置"数值

05 在第 24 帧，调整数值为"100.0，100.0%"，如图 9-79 所示。这样，盒子的缩放动画就制作完成。接下来，为其添加缓动效果。

06 为开始关键帧添加缓出效果，为结束帧添加缓入效果，如图 9-80 所示。接下来，复制关键帧至另外两个图层。

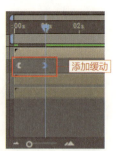

图 9-79　设置数值　　　　　　　　　　图 9-80　添加缓动

07 选择"盒子 1"图层所有的关键帧，按组合键 <Ctrl+C> 进行复制，如图 9-81 所示。

图 9-81　复制帧

08 在开始帧，按组合键 <Ctrl+V> 将关键帧粘贴在"盒子 2"图层的开始帧处，如图 9-82 所示。

图 9-82　粘贴帧（1）

09 再次复制关键帧，然后在第 12 帧，在"盒子 3"图层粘贴关键帧，如图 9-83 所示。这样，所有盒子的动画便制作完成。接下来，制作气泡动画。

图 9-83　粘贴帧（2）

9.3.3　制作气泡动画

气泡动画相对于其他动画要更复杂，复杂并不是动画制作困难，而是步骤相对繁琐。

01 将气泡的所有素材拖入时间轴面板，如图 9-84 所示。

02 将气泡的所有图层新建一个预合成，如图 9-85 所示。

图 9-84 拖入素材

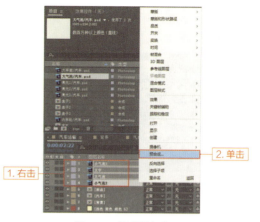

图 9-85 新建预合成

03 执行新建预合成。将新合成名称设置为"气泡",单击"确定"按钮,如图 9-86 所示。

04 双击"气泡"预合成进入其内部,将所有图层的父子链接设置为"大气泡"图层,如图 9-87 所示。接下来,制作气泡的缩放动画。

图 9-86 新建预合成

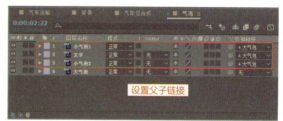

图 9-87 设置父子链接

05 在开始帧按快捷键 <S>,将"大气泡"图层的"缩放"属性展开,然后单击"缩放"属性左侧的"关键帧记录器"按钮,为其添加一个关键帧,如图 9-88 所示。

06 将"缩放"属性设置为"0.0,0.0%",如图 9-89 所示。

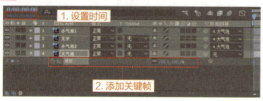

图 9-88 添加关键帧

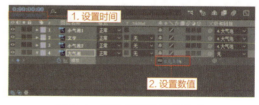

图 9-89 调整"缩放"数值(1)

07 在第 10 帧,调整"缩放"数值,如图 9-90 所示。

08 在第 32 帧,将"数值"调整为"100.0,100.0%",如图 9-91 所示,至此,气泡的放大动画制作完成。接下来,再在制作气泡的缩小动画。

图 9-90 调整"缩放"数值(2)

图 9-91 调整"缩放"数值(3)

09 在第 113 帧，在 113 帧处添加一个关键帧，不需要设置数值，使气泡停留在画面中。如图 9-92 所示。

图 9-92　添加关键帧（1）

10 在第 127 帧，设置数值为"0.0，0.0%"，如图 9-93 所示，使气泡缩小消失。这样，气泡的缩小动画便制作完成。接下来，为关键帧添加缓动效果。

图 9-93　调整"缩放"数值（1）

11 为关键帧添加缓动效果，如图 9-94 所示。接下来，查看缓动曲线效果。

12 单击"图表编辑器"按钮，打开缓动编辑面板，可以看到缓动曲线，如图 9-95 所示。接下来，再分别对每个小气泡进行缩放动画制作。

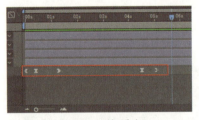 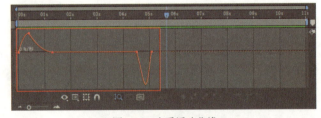

图 9-94　添加缓动　　　　　　　　　图 9-95　查看缓动曲线

13 展开"小气泡 1"的"缩放"属性，在第 10 帧，添加关键帧，并将其数值设置为"0.0，0.0%"，如图 9-96 所示。

14 在第 30 帧，调整缩放数值为"100.0，100.0%"，如图 9-97 所示。然后添加的缓动。

图 9-96　添加关键帧（2）　　　　　图 9-97　调整"缩放"数值（2）

15 调整关键帧缓动，如图 9-98 所示。接下来复制关键帧，粘贴到另外一个气泡图层上。

图 9-98 添加缓动

16 将"小气泡 1"的关键帧复制,粘贴到"小气泡 2"图层上,如图 9-99 所示。接下来,再来制作气泡的呼吸动画。

图 9-99 粘贴帧

17 展开"小气泡 1"的"蒙版路径"属性,该图层有两个蒙版路径都需要展开,如图 9-100 所示。

18 在第 30 帧为其添加一个关键帧,如图 9-101 所示。

图 9-100 展开"蒙版路径"属性

图 9-101 添加关键帧

19 将时间条移动到第 55 帧。

20 双击气泡,分别调整两个气泡的形状路径,将形状调整得与之前的形状有所差别,如图 9-102 所示。

21 在第 80 帧,再次调整两个气泡的形状,如图 9-103 所示。

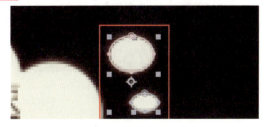

图 9-102 调整蒙版路径(1)

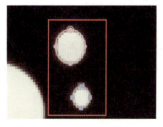

图 9-103 调整蒙版路径(2)

22 使用相同的方法,在 105 帧也调整两个气泡的形状,如图 9-104 所示。接下来,为关键帧添加缓动效果。

245

23 选中两个蒙版路径所有的关键帧，按快捷键 <F9> 为其添加缓动效果，如图 9-105 所示。

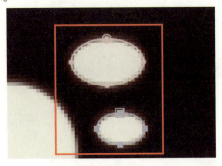

图 9-104 调整蒙版路径（3）

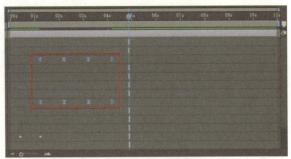

图 9-105 添加缓动

24 将两个蒙版路径的关键帧稍稍错开，使动画更加丰富，如图 9-106 所示。

25 下面，利用同样的方式制作其他气泡的蒙版路径动画，在此不再展示制作步骤。

26 效果展示，如图 9-107 所示。至此，气泡动画制作完成，接下来，制作气泡里面的文字动画。

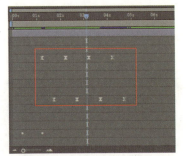

图 9-106 移动关键帧

图 9-107 效果展示

27 选择"文字工具" ，在合成窗口中输入文字，如图 9-108 所示。在输入文字后，将原有的文字素材图层删掉或者隐藏。

28 设置小文字的字体和大小，如图 9-109 所示。

图 9-108 输入文字

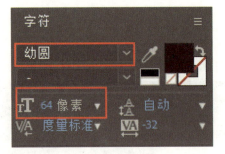

图 9-109 设置小文字

29 设置大文字的字体和大小，如图 9-110 所示。接下来，展开属性。

30 展开"文字"属性，如图 9-111 所示。接下来，为文字添加不透明度的动画效果。

第 9 章 快递运输 MG 动画

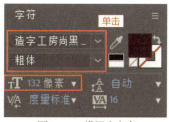

图 9-110 设置大文字

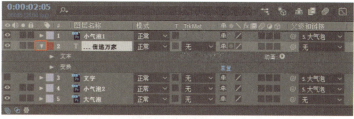

图 9-111 展开属性

31 要将文字制作成打字机的动画效果,先添加一个"不透明度"的动画效果,如图 9-112 所示。

图 9-112 添加效果

32 将"不透明度"设置为"0%",先将文字隐藏,如图 9-113 所示。接下来,设置范围选择器数值。

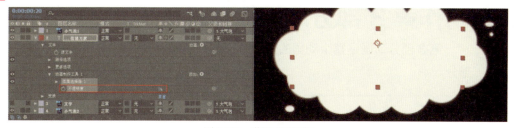

图 9-113 设置不透明度

33 在第 20 帧,单击"起始"左侧的"关键帧记录器"按钮,为起始数值添加一个关键帧,如图 9-114 所示。

34 再在第 40 帧,设置数值为"100%",如图 9-115 所示。至此文字动画便制作完成。下面,回到"汽车运输"合成。

图 9-114 添加关键帧

图 9-115 设置数值

35 回到"汽车运输"合成,将"气泡"合成拖至第 52 帧处,如图 9-116 所示,至此,前两部分的动画就全部制作完成。接下来,预览效果。

247

图 9-116　调整时间

36 效果展示，如图 9-117 所示。

图 9-117　效果展示

9.4　制作第 3 部分动画

第 3 部分动画是整个动画的最后一部分，也是点题的部分，首先制作转场部分。

9.4.1　制作转场动画

01 将"渐变背景"素材导入软件，然后将该素材拖动至"汽车运输"合成的时间轴的第 117 帧处，如图 9-118 所示。使第 3 部分动画从第 117 开始播放。

图 9-118　拖入"渐变背景"素材

02 再将"城市投影"素材导入软件，然后将该素材拖动至时间轴的第 143 帧处，如图 9-119 所示。下面制作"渐变背景"动画。

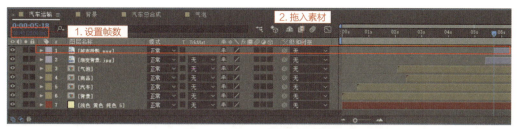

图 9-119 拖入"城市投影"素材

03 选择"椭圆工具"。长按"矩形工具"，打开其子菜单，选择"椭圆工具"选项，如图 9-120 所示。

04 选中"渐变背景"图层，利用"椭圆工具"在合成窗口中绘制一个椭圆，如图 9-121 所示。

图 9-120 选择"椭圆工具"

图 9-121 绘制椭圆

05 展开"蒙版路径"属性，在第 137 帧处单击"蒙版路径"左侧"关键帧记录器"按钮，为其添加一个关键帧，如图 9-122 所示。

图 9-122 添加关键帧

06 在 137 帧，调整"蒙版路径"，使蒙版缩小，如图 9-123 所示。

07 在第 146 帧，调整"蒙版路径"，如图 9-124 所示。接下来，为蒙版路径的关键帧添加缓动效果。

图 9-123 调整"蒙版路径"（1）

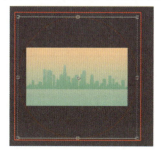

图 9-124 调整"蒙版路径"（2）

08 选择两个关键帧，按快捷键<F9>将它们转换为缓动帧，如图9-125所示。接下来，制作"城市剪影"动画。

图9-125 添加缓动

09 在第143帧，按快捷键<P>展开其"位置"属性，并单击"位置"属性左侧"关键帧记录器"按钮，为其添加一个关键帧，如图9-126所示。

10 将143帧的"位置"属性数值设置如图9-127所示。

图9-126 添加关键帧　　　　　图9-127 调整"位置"数值（1）

11 在第170帧，调整其位置数值如图9-128所示。接下来，为关键帧添加缓动效果。

12 按快捷键<F9>将关键帧转换为缓动关键帧，并单击"图表编辑器"按钮，打开缓动编辑面板，调整缓动曲线，如图9-129所示。使动画节奏先快后慢。这样，第3部分的转场动画就制作完成。接下来，制作标题动画。

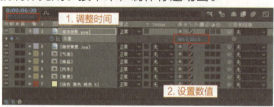   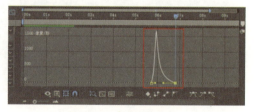

图9-128 设置"位置"数值（2）　　　　　图9-129 调整缓动

9.4.2 制作标题动画

标题动画是该动画的最后一部分，也是比较简单的一部分。下面，先新建一个合成。

01 执行"合成"→"新建合成"菜单命令，也可以采用组合键<Ctrl+N>，或单击项目面板中的"新建合成"按钮，如图9-130所示。

02 在"合成设置"对话框中设置合成的名称、大小、帧速率和持续时间等详细参数，单击"确定"按钮，如图9-131所示。

03 在"标题"合成中新建一个纯色图层，选择"图层"→"新建"→"纯色"选项新建纯色图层，也可按组合键<Ctrl+Y>新建纯色图层，如图9-132所示。

图 9-130 新建合成

图 9-131 合成设置

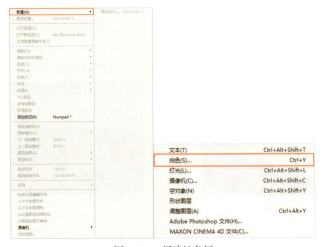

图 9-132 新建纯色层

04 在"纯色设置"对话框中单击"制作合成大小"按钮，将纯色图层与"标题"合成大小保持一致，如图 9-133 所示。下面设置纯色图层颜色。

05 单击"颜色"按钮，打开"纯色"对话框，如图 9-134 所示。

图 9-133 设置大小

图 9-134 单击"颜色"按钮

06 设置颜色，颜色参数为（R=255，G=255，B=251），单击"确定"按钮，如图 9-135 所示。

07 在纯色设置对话框中，单击"确定"按钮，执行纯色设置如图 9-136 所示。

图 9-135　设置颜色

图 9-136　执行纯色设置

08 利用"椭圆工具"在合成窗口中绘制一个圆形,如图 9-137 所示。按住组合键 <Ctrl+Shift> 可以在窗口中心绘制正圆。

09 选择图层,按组合键 <Ctrl+D> 将其复制,如图 9-138 所示。接下来,为复制出的图层修改颜色。

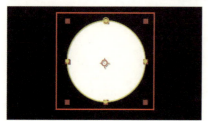

图 9-137　绘制圆形

图 9-138　复制图层

10 选中需要修改颜色的图层,按组合键 <Ctrl+Shift+Y>,打开"纯色设置"对话框,如图 9-139 所示。

11 打开"纯色"对话框,将颜色设置为橙色,参考数值为(R=245,G=207,B=159),单击"确定"按钮,如图 9-140 所示。

图 9-139　纯色设置

图 9-140　设置颜色为橙色

12 在"纯色设置"对话框中,单击"新建"按钮,执行纯色设置,如图 9-141 所示。这样,纯色图层的颜色便设置完成。接下来,调整其大小。

13 按快捷键 <S>,将图层的"缩放"属性展开,并调整数值如图 9-142 所示,使图层比之前的图层小。接下来,再次复制图层。

图 9-141 执行设置

图 9-142 调整大小（1）

14 再次复制出一图层，并调整颜色为橘色，参考数值为（R=251，G=77，B=1），如图 9-143 所示。

15 按快捷键 <S> 调出，将其"缩放"属性展开，设置它们的数值如图 9-144 所示。

图 9-143 设置颜色为橘色

图 9-144 设置数值

16 利用同样的方法再复制出 4 个图层，并调整它们的颜色，分别设置为深青色，参考数值为（R=251，G=77，B=1）；深绿色，参考数值为（R=251，G=77，B=1）；洋红色，参考数值为（R=251，G=77，B=1）；黄色，参考数值为（R=251，G=183，B=19），如图 9-145 所示。接下来，调整它们的大小。

17 调整它们的大小，如图 9-146 所示。

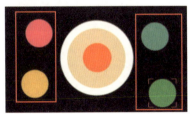

图 9-145 设置颜色

图 9-146 调整大小（2）

18 将最下面的两个图层调整到最上面，如图 9-147 所示。

19 为最后 6 个图层创建一个预合成，如图 9-148 所示。

图 9-147 调整位置

图 9-148 创建预合成

20 双击进入预合成内部,展开 2、3、4、5、6 图层的"位置"属性,并设置它们的数值,如图 9-149 所示。

21 在第 24 帧,为其添加关键帧,如图 9-150 所示。

图 9-149 展开"位置"属性

图 9-150 添加关键帧

22 再在开始帧,调整"位置"数值,如图 9-151 所示。

23 回到"标题"合成,选择"预合成"图层,给它添加一个"高斯模糊"效果。选择"效果"→"模糊和锐化"→"高斯模糊"选项,如图 9-152 所示。

24 设置"模糊度",如图 9-153 所示。

图 9-151 调整"位置"数值　　图 9-152 添加"高斯模糊"的效果　　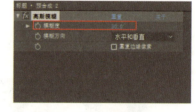
图 9-153 设置"模糊度"数值

25 添加简单阻塞工具,选择"效果"→"遮罩"→"简单阻塞工具"选项,如图 9-154 所示。

26 设置"阻塞遮罩"数值,如图 9-155 所示。接下来,预览效果。

27 效果展示,添加阻塞遮罩后,相互接近的圆会融合,如图 9-156 所示。下面制作文字动画。

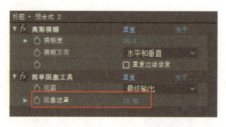

图 9-154 添加"简单阻塞工具"的效果　　图 9-155 设置"阻塞遮罩"的数值　　图 9-156 效果展示

28 选择"文字工具",输入文字,如图 9-157 所示。

29 调整文字的大小、颜色、字体,如图 9-158 所示。

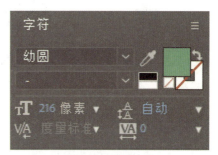

图 9-157 输入文字　　　　　　　　　图 9-158 设置文字

30 在第 25 帧,展开"缩放"属性,为其添加关键帧,如图 9-159 所示。

图 9-159 添加关键帧

31 在第 15 帧,将"缩放"数值设置如图 9-160 所示。使文字完全消失。

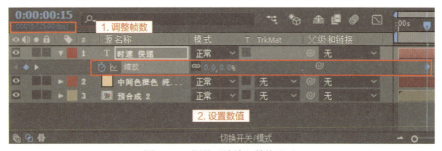

图 9-160 调整"缩放"数值(1)

32 在第 22 帧,调整"缩放"数值,如图 9-161 所示。使文字形成一个弹跳动画。

图 9-161 调整"缩放"数值(2)

33 效果展示,如图 9-162 所示,至此文字动画便制作完成。下面,将"标题"合成拖入至"汽车运输"合成中。

图 9-162 效果展示

34 将"标题"合成拖入至"汽车运输"合成中,并将时间条移动至第 144 帧处,如图 9-163 所示。接下来,查看最终效果。

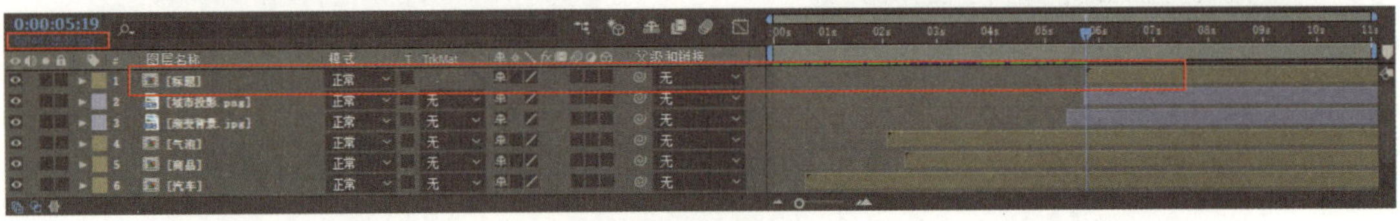

图 9-163 拖入合成

35 最终效果展示如图 9-164 所示。至此,全部动画便已制作完成。

图 9-164 最终效果展示